MYSTERIES
UNDER THE STARS

金星多重身分×繽紛火星文化×銀河系真面貌

融合詩意與科學，古至今對神祕宇宙的探索

古星空下的神話

神話

現代科學的傳說

于向昀——著

傾聽遙遠星系的呼喚，探索宇宙的光明與黑暗

星空，是人類的發源地，亦是永恆的歸宿

自遠古時代，人們總是仰望星空，企圖解讀那不可知的祕密——

目錄

目錄

天國，祖先的疆域

　　天國，經常又被稱作「天庭」，姜子牙給那裡封過神、孫悟空去那裡搬過兵、王母娘娘在那裡設宴招待過群仙……可是這個天國到底在哪裡呢？

　　天國，其實就在天上，夜晚天氣好的時候，一抬頭就能看見。我們的很多祖先現在還「居住」在那裡呢。

　　許多人為「修建」天國出過力，有古代的部落首領，還有天文學家們和歷史學家們。他們花了很長時間，一點一點、一步一步地構建出天國的模樣。在中國流傳下來的不少典籍裡，還能找到他們構築天國的過程。在《左傳·昭西元年》中就記載過這樣的事——

　　那是在春秋時期。某天，晉平公得了病，鄭伯派卿大夫子產出使晉國，探望、慰問晉平公。晉國的大臣叔向對子產說：「占卜的人說，我們國君的病，是由於實沈、台駘作祟而導致的，可是太史不知道實沈和台駘到底是什麼神靈，關於這件事，我想向您請教一下。」

　　子產跟叔向說了一個很長很長的故事：在很早以前，帝嚳高辛氏當政，他的兩個兒子，哥哥閼伯和弟弟實沈，從小關係就不好，只要一見面就會爭吵，嚴重時還會動手打架。兄弟二人長大以後，閼伯成了東夷部族的首領，實沈則被派去管理西羌部族，他們都能力出眾，在華夏地區非常有名

望。由於在很多事情上意見不合，兄弟倆仍然經常起爭執，最終動起武來。兩大部族互相征討，弄得民不聊生。後來，堯帝接替了帝嚳的位置，成了華夏地區所有部落的總首領。他覺得閼伯和實沈實在鬧得太不像話了，為了不再發生戰爭，堯帝決定把兄弟二人分開。他讓閼伯帶人遷到商丘一帶居住，負責觀測和祭祀大火星；讓實沈帶人搬到大夏之地居住，負責觀測和祭祀參星。從此之後，兩兄弟再也沒有見面，當然也就沒有再打過仗。閼伯所統率的東夷部族，使用大火星確定季節，他們的後裔建立了商朝。商朝人沿襲了祭祀和觀測大火星的傳統，因此大火星又叫「商星」。實沈的族人，即西羌人，使用參星確定季節，他們的後人建立了唐國。唐國的最後一位君主名叫唐叔虞，是周武王的兒子。當年，周武王的妻子邑姜懷著太叔的時候，曾夢見天帝對自己說：「我給你的兒子起名叫『虞』，將來他長大了，封給他唐國，讓他在唐國繁衍、養育他的子孫。」太叔降生後，人們發現他掌心的紋路正像一個「虞」字，因而周武王就給他取名叫「虞」。周朝建立前，唐國是商朝的諸侯國，周成王（周武王的兒子）滅了唐國以後，將唐國國土封給了他的弟弟太叔，太叔從此也被稱為「唐叔虞」。在他執掌唐國之時，唐人的習俗就在晉地流傳開來，參星也就成了晉國的星宿。由此看來，實沈理當是參星之神。

晉祠唐叔虞像

在子產和叔向生活的那個年代，觀測天象的變化屬於國家大事，要由太史記錄下來，並解釋給國君及大臣們聽。子產所提到的「商星」和「參星」，並不僅僅存在於故事當中，它們是真正的「明星」，在中國古代，它們統稱為「星宿」。而星宿就是構建天國的基石。

早在人類文明剛剛形成時期，中國、古巴比倫、古埃及以及古希臘等文明古國的人們，為了生產生活的需要，各自探索形成了不同的星空劃分和命名的方法。古希臘人將天空劃分為不同的區域，並稱之為「星座」，用假想的線條將星座內的亮星連接起來，然後再把整個星座想像成動物或人的形狀，並結合神話故事為它們配上適當的名字，這就是目前廣為流傳的「星座」的由來。

十二星座圖

在對星空的劃分方面，我們的祖先使用的方法和其他文明古國的人們使用的方法差不多，只不過我們把不同區域的星空稱作「星宿」。

1928 年，國際天文學聯合會正式公布了國際通用的 88 個星座方案，並規定星座的分界線大致用平行於天赤道（赤道向外無限擴大）和垂直於天赤道的弧線。分布在天赤道以北的有 29 個星座，橫跨天赤道的有 13 個星座，分布在天赤道以南的有 46 個星座。這個星空劃分方案，最早起源於四大文明古國之一的古巴比倫。古希臘天文學家對古巴比倫的星座方案進行了補充和發展，並編制出了古希臘星座表，後又

經近現代天文學家的補充和完善，最終形成了當前國際上通用的星空劃分標準。

中國對天文的研究和紀錄開始得很早，對於星空的劃分有一套屬於自己的獨特體系。我們的「星宿」相當於國外的「星座」，但我們與國外對星空的劃分有所不同，而且許多星體的名稱和現在國際上通用的也都不一樣。

粗略地概括起來，我們的祖先將可觀測到的星空劃分為三垣和二十八宿，共 31 個天區。三垣是北天極周圍的 3 個區域，二十八宿是在黃道和白道附近的 28 個區域，每一個區域叫作一個星宿。子產所說的「商星」和「參星」，就是二十八宿中最重要的兩個星宿。

三垣與二十八宿又與方位相對應，三垣位屬中宮，居於北方中央的位置，為天帝居住的紫微垣、天帝辦公的太微垣和天國居民們買賣東西的天市垣，其中紫微垣位於北天極附近。二十八宿按東南西北四個方位分作四組，每組七宿，並和四象相搭配，為東方青龍，包括角、亢、氐、房、心、尾、箕；南方朱雀，包括井、鬼、柳、星、張、翼、軫；西方白虎，包括奎、婁、胃、昴、畢、觜、參；北方玄武，包括壁、室、危、虛、女、牛、斗。

子產所述的故事中，被稱作「商星」的大火星，又名「心宿二」，東方青龍就是以它為中心的，在目前國際通用的星空劃分方案中，它屬於天蠍座。「參星」則是西方白虎的中

心，目前歸為獵戶座。在古希臘人的想像中，這三顆星（參星）是獵戶的腰帶。

中華第一龍 ── 西水坡遺址中的蚌塑龍

　　有學者認為，「商星」和「參星」觀念的產生可能非常早，其證據就是 1987 年 5 月，河南省濮陽市西水坡遺址中的考古發現。在最引人注目的 45 號墓中，考古隊員們發現了龍虎蚌塑。經放射性碳素斷代法測定，並經樹輪校正年代，得出的資料顯示，這座古墓存在的時間已有 6,500 多年了。考古學家認為，西元前 4500 年前後，正是伏羲所生活的年代，而經過分析研究墓穴裡的陪葬品，以及墓穴內物品所在位置，他們認為，這座古墓的主人有可能就是伏羲。這個發現表明，遠古時期中國境內的各個民族都有本民族所崇拜和祭祀的星座，這些星座同時還有確定季節的功能。

「商星」和「參星」的傳說，可以視為中國古代天文學的一個起點。「參商」還成為中國古代文化中一個著名的典故。相傳這兩個星宿在夜空中此出彼沒，永不見面，因此人們用「參商」來比喻彼此對立、不和睦，或親友隔絕，不能相見。曹植的〈與吳季重書〉中就有「面有逸景之速，別有參商之闊」這樣的句子。杜甫的〈贈衛八處士〉中也以「人生不相見，動如參與商」來感嘆別離。

隨著加入華夏聯盟的部族的增加，祖先們對星空做了更為細緻、精確的劃分，朱雀和玄武兩大星座因而產生。四大星座象徵著一年的四個季節，同時還對應著華夏地區的四個主要民族——東夷、西羌、南蠻和北狄，顯示著這四大民族在天上所占據的方位。二十八宿中不少星宿的命名，都源自這些民族所建立的方國，或其民族中貢獻卓著的人物。如今的我們基本上都是這四大民族的後代。

祖先們認為，大地不過是人身體暫時停留的地方，而天上才是靈魂永久的居所。中國古人眼中的星空，就是天堂。這個天堂都是由星星組成的，所有的星宿，也都對應著王朝的中央機構和官員，所以中國的星宿稱作「星官」，意思是天帝的官員。天帝的這些官員，最初都是生活在華夏大地上的鮮活的歷史人物，後人為了紀念他們，以他們的名字來命名星宿，於是他們就變成了天上的星宿。

星宿的劃分和命名導致了一種極為獨特的文化現象，這

就是中國所特有的「分野」。在我們祖先看來，天與地是不分家的，所以他們將天上的星宿與地上的民族或部落、景物等連繫起來，建立起 —— 對應的關係，這就是分野的觀念。簡言之，分野就是把天上的星宿一對一地分配給地上的各個民族或部落。

在中國古代，皇帝分封諸侯的時候，都將特定的星宿分配給諸侯所封得的領地。建國、建城、封地、分星，這些程式加在一起，就叫「封建」。例如，上文中提到的唐國，是上古有名的部落首領堯帝的後裔的生存地之一。唐人和晉人在晉地建立實沈廟，用以祭祀參星之神實沈，而參星也歷來被視作是晉人的星宿。古代的太史常會根據參宿天象的變化，來推測晉地將要發生的大事。

這種天與地 —— 對應的分野觀念起源很早，在原始社會就已開始實行。它並非一成不變，而是隨著朝代的變更、地域的擴展、民族的遷移和融合而逐步發展、變化的。分野的這種變化對星宿的命名也有一定影響，有時甚至會導致一些星宿改名換姓。比如說，東方青龍中的箕宿，它的名字來自箕子，對應的地點是現在的朝鮮半島。古書記載，箕子是商紂王的叔叔，因為協助周武王征討紂王有功，便將朝鮮這塊地封賞給他。周武王統治時期，都實行「買一送一」，所以連天上的星星也搭配給了箕子。箕子很聽話，把家搬到朝鮮，創立了一個附屬於西周的小諸侯國。後來，與這個小國

對應的星宿也就改名叫「箕宿」了，至於這個星宿以前的名字，反倒沒有人記得。

　　曾有天文學家根據恆星的相對位置，來推斷二十八宿劃定的時間。根據史書記載，牛郎星位於織女星之東，但作為這兩顆恆星在二十八宿中的「替身」——牛宿和女宿，卻是牛宿在西、女宿在東，與牛郎、織女兩星的排列正好相反。因此，有人推測：既然牛宿、女宿的名字源於牛郎、織女二星，那麼它們最初的排列方位應該一致，後來因為歲差的緣故，才成了如今我們看到的樣子。照這樣推算，牛宿和女宿被劃分出來並且各自定名的時間，應該在西元前 3000 年以前，因為只有在那時候，牛宿和女宿的排列與牛郎、織女二星是一致。

　　還有一個故事可以印證這個推算——據《尚書·呂刑》、《國語·楚語下》和《山海經·大荒西經》等古書記載：上古時期，人和神本來是可以相互往來的。到了少昊做國君時，國家開始衰敗，黎族的九個首領率民作亂，破壞宇宙秩序，讓地下的凡民和天上的神混雜在一起。顓頊繼少昊做了國君後，任命南正（官名）重（人名）主管天神的事，火正（官名）黎（人名）主管凡民的事。重兩手托著天，盡力往上舉，並隨著天空的上升而上了天；黎用雙手撫地，盡力朝下按，並隨著地的降落而下了地。連通天和地的道路被斷絕了，宇宙恢復了秩序，人與神從此互不相擾。

五帝之顓頊

　　顓頊的這則故事，又被稱為「絕地天通」。大多數人認為這只不過是個傳說，但也有人認為，這很可能是上古時期的一次天文史上的改革——在顓頊執政年間，由於民族混雜，對星空的劃分也十分混亂。為了結束紛爭，顓頊頒布了統一的星空劃分方法，劃定了二十八宿，讓南正重負責記錄天象，火正黎負責聽取民意，並規定從此以後，不准再將各族的祖先「移居」到天上，增加新的星宿。此後，地上的各民族就不再為哪個星宿屬於誰而發動戰爭了。

　　之所以會產生這樣的推斷，是因為傳說中顓頊執政的年代，恰好在西元前 3000 年前後，與牛、女二宿被劃分出來的時間一致，並且牛宿和女宿都屬於玄武星座，而玄武星座又恰好是顓頊的星座。

或許這個推斷顯得有些證據不足，然而，它卻為中國上古時期的民族融合與衍變的研究提供了一個新的思路。

　　根據《史記‧天官書》記載，祖先們將星空劃分為五大天區，就是紫微垣加上東、南、西、北四星官。雖然在〈天官書〉中有太微和天市這兩個星名，但它們的劃分區域還不完整。三垣二十八宿的全天區劃是在《晉書‧天文志》中才有完整記載的，這個星空劃分體系已囊括了北半球所能見到的所有星座。由此可見，中國的星空分區觀念在不斷發展變化。

　　在星空劃分基礎上形成的分野，是中國古代文化中一個很重要的部分，它隨著天區劃分的逐步完善而形成。中國歷史上的每一個時間段，分野幾乎都是不同的，目前可見的關於分野的最早記載是在《周禮》中：「以星土辨九州之地，所封封域皆有分星，以觀妖祥」，就是按照分野來預卜各地吉凶。

　　「分野」這個觀念，將天上的星宿與地上的民族連繫起來，於是各個星宿就成了各個民族的象徵，人們甚至認為星宿就是他們自己，是他們的發源地。

　　星空，就是天國，是先人的疆域。

　　「三垣二十八宿」這種星空劃分法，不僅是祖先留給我們的科學遺產，也是留給我們的文化遺產。每一個星宿的名稱，都在無聲地傳遞著祖先的哲學思想：星空，是我們的發源地，也是我們永遠的歸宿。

全世界崇拜的神

　　在很早很早以前，西湖北里湖北岸的寶石山腳下的一個小村莊裡，住著一對年輕夫妻，男的叫劉春，女的叫慧娘。夫妻倆十分恩愛，男耕女織，日子過得很甜蜜。

　　有一天早上，太陽剛剛升起來，劉春扛著鋤頭下地去工作，忽然颳起一陣狂風，天上黑雲滾滾，剛升起的太陽一下又縮回去了。從這天起，太陽就消失不見了。沒有了太陽，莊稼無法生長，妖魔鬼怪都趁著黑暗跑到人間來作亂。

杭州寶石山

　　有位老公公說，東海底下有個魔王，手下有許多小妖，他最怕太陽，太陽一定是被這個魔王給搶去了。劉春聽說後，決定去尋找太陽。如果能把太陽找回來，大家就都有好

日子過了。慧娘很支持丈夫的想法，她從自己頭上剪下一絡長髮和在麻絲裡打成一雙草鞋，又縫了一件厚厚的棉襖，給劉春帶著。

慧娘把劉春送到門口。這時天邊飛來一隻金鳳凰，劉春請金鳳凰陪他去找太陽，金鳳凰點頭答應了。劉春對慧娘說：「慧娘呀，尋不到太陽我就不回來。即使死在路上，我也要變成一顆明亮的星星，為後面尋找太陽的人指引道路！」

劉春走後，慧娘天天爬到寶石山頂，望著丈夫離去的方向，盼著丈夫回來。不知過去了多少天，這世界還是漆黑一片。有一天，慧娘忽然看見一顆亮晶晶的星星升起來掛在天空。不久，金鳳凰也飛回來停在她腳下。她立刻明白，劉春死在了尋找太陽的路上，她不覺昏了過去。

等慧娘醒來的時候，她懷的遺腹子已經生了下來，慧娘給他取名叫「保淑」。這孩子見風就長，很快長成了一個健壯的男子漢。慧娘把父親尋找太陽的事說給保淑聽後，他也決定去找太陽。

儘管捨不得兒子離開，但為了讓大家都有好日子過，慧娘還是同意讓保淑去找太陽。她又剪下一絡長髮和著麻絲打成一雙草鞋，又縫了一件厚厚的棉襖讓保淑穿上。保淑走到門口，那隻金燦燦的鳳凰又飛來，停在他的肩膀上。慧娘指著天上那顆亮晶晶的星星告訴保淑，那是他父親變的，它會給他指引方向。又叮囑他，讓金鳳凰陪他一起去。保淑臨行

前請求慧娘，無論過多長時間，遇到什麼事，都不要掉一滴眼淚，否則他的心會顫抖，就再沒力氣去找太陽了。

　　保淑告別了母親，帶著金鳳凰翻山越嶺，在星星的指引下不停地前進。他經過很多村莊，當人們聽說他要去找太陽，紛紛表示支持，給他縫製了百家衣，送了他一袋泥土。保淑靠百家衣的溫暖游過了冰河；用泥土在東海中造出許多大大小小的島嶼；在金鳳凰的提醒下，粉碎了妖魔意圖加害他的陰謀，並找到了東海底下的大岩洞。太陽就被魔王鎖在這個岩洞裡。在金鳳凰的幫助下，保淑終於戰勝了魔王，找到了太陽。他拚盡全力托著太陽從深深的海底往海面上游，可是太陽剛在海上露出半個頭，保淑的力氣就全用盡了。這時金鳳凰飛了過來，牠背起太陽飛上了天空。

　　在保淑戰鬥期間，妖魔們不斷糾纏慧娘，騙她說保淑已經死在半路上了，想方設法騙她傷心流淚，以使保淑再沒力氣去找太陽。慧娘牢記著保淑告訴她的話，咬緊牙不讓自己掉一滴眼淚。這天妖魔們又來糾纏她的時候，太陽忽然升了起來，妖魔們被太陽光一照，都變成了石頭。

　　從此以後，太陽每天從東方升起，西方落下，人們終於重見光明，重新過著幸福的日子，可是保淑卻再也回不來了。人們為了紀念他，就在寶石山山頂上建造了一座玲瓏寶塔，又在金鳳凰飛舞的地方建造了一座六角小亭，這就是現在的「保淑塔」和「來鳳亭」。慧娘和鄉親們常站著盼望太陽

升起的那座石臺就叫「初陽臺」。每天太陽升起之前，東方
會有一顆亮晶晶的星星閃閃發光，那就是劉春變的，人們都
叫它「啟明星」。

來鳳亭

這就是民間流傳的關於保俶塔來歷的傳說。故事中，保
俶始終執著於一件事，那就是尋找太陽。

太陽是古人認識的第一個天體，也是對於人類來說最為
重要的天體之一。從上古的蒙昧時期開始，太陽就成為世人
所崇拜的神。在古埃及的神話傳說中，太陽神拉（Ra）是所
有神的父親，相當於一位創世者。在阿茲特克文明的創世傳
說中，我們這一紀人類產生前，世界曾被毀滅了四次。第四
個太陽滅亡後，為了讓世界恢復生機，天神們舉行了一個儀
式，一個名叫納納華特辛（Nanahuatzin）的天神跳入熊熊大

火，化身為第五個太陽；他的夥伴特庫希斯特卡特爾（Tec-ciztecatl）緊隨其後，也跳進火堆，變成了月亮。而印第安人的太陽神，則被印第安部落的王族們稱為「我父」。在美洲古印第安人的宇宙圖中，「十」字代表天地四方，中心是光明之神，也就是太陽。

這種太陽神和創世神合為一體的現象持續了很長的時間，並且，人們還使用不同的圖案和符號來指代太陽。最為常見的符號有兩種，一種是「十」字形，另一種是「卍」字形。「卍」字形的符號，在西方百科全書裡，經常被稱作「戈麥丁」。最典型的事例見於中東地區，在西元前 3000 年左右，亞述人使用「十」字形徽紋來表示他們的天神安努（Anu）。這個「十」字的中心，在楔形文字中代表著太陽，而「十」字則表示太陽照射的四個主要方位。「卍」字形的符號，則比較像旋轉的日輪。同樣的情形在迦勒底人、印度人、希臘人和波斯人那裡也十分常見。而類似的符號，在中國的甘肅、青海及內蒙古翁牛特旗等地也多有發現，而且「十」字形的圖紋，也常出現在商周甲骨文和青銅器銘文中。

和古埃及、古印第安等地一樣，在上古時期，華夏大地最早實行的也是「一神制」的太陽神崇拜。在中國的神話傳說中，中國的第一個大神，實際上是有記載的第一個部族首領，名叫「伏羲」。在古語裡，「伏」是大的意思，而「羲」同「曦」，指陽光，「伏羲」的意思就是偉大的太陽神。中國

古代與至尊相關的稱號，如皇、神、華、曄、昊等，都與太陽崇拜有關。

青海出土的陶器上代指太陽的符號

繼伏羲而後的又一位偉大帝王——黃帝，其實也是太陽神的化身。「黃」在上古時期與「光」是同音字，而且「黃」和「光」這兩個字都是光明的意思；「帝」最初的語義是「神」。也就是說，「黃帝」這個尊號的本義就是「光明之神」。此後，中國古代的最高統治者都以「皇帝」為通稱。據古文字學家王國維考證，在金文中，「皇」是日光放射之形。另一位文字學家張舜徽教授也認為，「皇」是太陽升起、光明四射之意。

古時候，太陽不僅是人們崇拜的對象，也是制定曆法的標準和依據。人們從對晝夜的認知而生發出了「陰陽」的概念，「一神制」不久便產生了分化，中國的遠祖變成了伏羲和女媧兩個人，這也是後來盛傳的東王公和西王母的原形，後

來東王公又演變成了玉皇大帝。當時中國的一年分為兩季，即耕耘播種的春季與休養生息的秋季，共 10 個月，以「十干」紀日。十干，就是我們經常提到的十天干，為甲、乙、丙、丁、戊、己、庚、辛、壬、癸。

後世的歷史之所以叫作「春秋」，也是由兩大季節的劃分而來的。那時候人們對於方位的認識也是二元化的，即東與南為同一方位，西與北為同一方位。「一神制」的分化過程，記載在《易經》之中，就是最著名的那句「太極生兩儀」。兩儀，指的就是陰和陽。

《易經》也被稱作《周易》，相傳是周文王的作品，但其中的八卦符號則是從伏羲氏那裡繼承來的。「易」字，指的是陰陽變化消長的現象。這部書歷來被公認為是中國古代研究、占測宇宙萬物變易規律的典籍，成書年代則一直有爭議。《周易》的「周」字，指的並不是周朝，它有周密、周遍、周流等意，引申義為「周到圓滿」，因而《易經》是建立在「乾坤一元、陰陽相倚」基礎上，對事物運行規律加以論證和描述的書籍。「元」字的意思是「起點」，《易經》闡述自然規律的起點就是太陽，晝、夜和陰、陽都是由此而來。

陰陽概念產生之時，人們對於星空也已有了初步的劃分，已建立起東方青龍和西方白虎兩個星座，這兩個星座的劃分，至遲在西元前 4500 年就已完成。

由於地球的公轉軌道與自轉軌道並不重合，加上日光耀

眼，直接觀測太陽在恆星間的位置十分困難，而早期的月分劃分和紀日、紀年方式也失之準確。並且，在上古時期，人們分散在各地居住，使用的曆法並不統一。長期的誤差與差異積攢下來，到了堯帝執政的時候，終於發生了曆法的錯亂，曆法上標明是冬天的日子，實際上是夏天，也就是所謂的「十日並出」──「十干紀日」的方法似乎出了問題。這種錯亂直接導致了農業和畜牧業等方面的混亂。因而，堯帝不得不命人重訂曆法，實行改革。

　　這一次曆法改革以神話傳說的形式記載於《淮南子・本經訓》中，這就是著名的「羿射九日」。原文是：「逮至堯之時，十日並出。焦禾稼，殺草木，而民無所食。猰貐、鑿齒、九嬰、大風、封豨、脩蛇皆為民害。堯乃使羿誅鑿齒於疇華之野，殺九嬰於凶水之上，繳大風於青邱之澤，上射九日，而下殺猰貐，斷脩蛇於洞庭，擒封豨於桑林。萬民皆喜，置堯以為天子。」這段話用白話文表述大致是：堯帝統治的時候，天上有 10 個太陽一同出來。灼熱的陽光曬焦了莊稼，草木都枯死了，人們連吃的東西都沒有。猰貐、鑿齒、九嬰、大風、封豨、脩蛇等怪物，都跑出來禍害百姓。於是堯派遣神射手羿到疇華的荒野上殺死鑿齒，到凶水邊上殺死九嬰，到青邱湖上用箭射死大風，射下天上的 9 個太陽，在地上殺死猰貐，到洞庭湖斬斷脩蛇，到桑林生擒封豨。怪物們被剷除後，普天同慶，百姓們一齊把堯擁戴為天子。

羿射九日雕像

　　然而，摒棄《淮南子》中與怪物相關的記載，「羿射九日」這件事，其實是上古時期的一次曆法革新。根據古文字學家和考古學家的研究，射下 9 個太陽的那名壯漢羿，又叫大羿或司羿，就是協助大禹治水，並教人們挖井和放牧動物的伯益。後世的一些名人，如神奇工匠堰師、建立了第一個封建王朝的始皇帝嬴政，都是伯益的後代。相傳《山海經》就是伯益跟隨大禹考察九州後寫成的。伯益幫助堯帝完成曆法改革，應該是他成為堯帝重臣的原因之一。

　　這一次曆法改革的變動相當大，首先是部分廢除「十干紀日」法，而使用「十二月」來代替，規定一年為 12 個月，這是根據月亮圓缺的規律提煉出來的，相應地，一年也有了四個季節；其次是以天空中的各種星體所在方位來確定季節，並選取一定的星象作為分辨一年四季的指標。作為指標的恆

星，稱之為「大辰」。堯帝時期的大辰是天蠍座的主星──心宿二，當時名為「大火」。與此同時，方位也精確劃分為東、西、南、北四方，對應著華夏地區的四個主要民族，東夷、西羌、南蠻和北狄；而在天上，則相應地有了四象，即蒼龍、白虎、朱雀和玄武。對此，《易經》中的相應記載為：「兩儀生四象。」

「羿射九日」這件事，很可能並不是伯益一個人的功勞。在青龍、白虎兩大星座被劃定之後，東夷部落的人民就使用大火星，即心宿二來確定季節。而伯益所統率的部落，以燕子為圖騰，是從東夷民族分化出來的「鳥夷」的一支，應該在較早的時期就掌握了以恆星確定季節的方法。堯帝聽從了伯益的建議，引進了東夷部落的曆法，並將其頒行全國，終於平息了這次曆法錯亂造成的負面影響。

除此之外，在頒布了統一的曆法後，堯帝深恐再次發生同樣的變故，於是專門委派了四位天文學家分居全國四個地方觀測星象，順便聽取人們的意見。這件事，被記載在《尚書‧堯典》裡。

根據《尚書‧堯典》的記載，堯帝曾命羲氏與和氏的兩對兄弟駐守四方，嚴肅謹慎地遵循天數，推算日月星辰運行的規律，制定出曆法，把天時節令告訴人們。四人中羲仲居住在東方的湯谷，堯帝令他恭敬地迎接日出，辨別測定太陽東升的時刻。當晝夜長短相等，且在黃昏時，南方朱雀七宿出現於天的

正南方，這一天定為春分。羲叔居住在南方的交趾，負責觀察太陽往南運行的情況。當白晝時間最長，且在黃昏時，東方青龍七宿中的大火星出現在南方，這一天定為夏至。和仲居住在西方的昧谷，負責辨別測定太陽西落的時刻，送別落日。當晝夜長短相等，且在黃昏時，北方玄武七宿中的虛星出現在天的南方，這一天定為秋分。和叔居住在北方的幽都，辨別觀察太陽往北運行的情況。當白晝時間最短，且在黃昏時，西方白虎七宿中的昂星出現在正南方，這一天定為冬至。在中國古代，冬至被定為一年的初始之日，即元旦。

　　這次曆法改革，是堯帝成為華夏大地的首領後建立的一次偉大功勳。後世很多想效法堯帝的皇帝，在登基前都會請人做「推元」，尋找一個特定的起點，並在登基後修訂曆法。

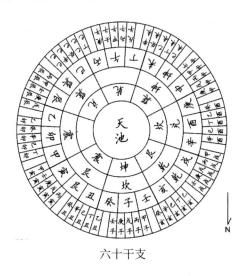

六十干支

在天文學上，紀元是為指定天體座標或軌道參數而規定的某一特定時刻。制定曆法需要一個起算點，這個起算點就叫作曆元。在曆元處，一天的起點為夜半，一月的起點為朔旦（也就是每月的初一），一年的起始月為農曆十一月，六十干支的起點為甲子，二十四節氣的起點為冬至，五個週期的起點全都會合在一起，就如同五個速度不一樣的賽跑者站在同一起跑線上。而古人在推算曆元之時還要求日月合璧、五星連珠，這個時刻作為推算的總起點，稱為「上元」。透過推算找到黃道吉日，以方便皇帝登基。

縱觀中國古代的歷史與神話傳說，太陽崇拜的印記隨處可見。中華文明乃至世界各地的古老文明，大多是從觀察與認識太陽開始，然後建立自己的宗教和文化。可以說，在上古時期，太陽是全世界崇拜的神。

黑暗降臨的時刻

　　桑多爾·阿爾德米探險隊在秘魯和玻利維亞進行了兩年的科學考察後，返回了歐洲。他們在美洲發現了好幾個印加墳墓，找到了戴著「博爾拉金王冠」的木乃伊，並根據銘文確定，這具木乃伊就是印加王拉斯卡·卡帕克。著名記者丁丁（Tintin）在報紙上看到這則新聞，對此很感興趣。

　　當天晚上，丁丁陪同哈達克船長（Captain Haddock）去看魔術表演，見到老朋友阿爾卡扎將軍（General Alcazar）正在表演飛刀，其助手吉奎多是個印加人。在劇場裡，丁丁聽說桑多爾·阿爾德米探險隊的攝影工作者克雷爾蒙突然患了重病。第二天一早，丁丁在早報上看到，探險隊的桑多爾·阿爾德米教授也患上了與克雷爾蒙一樣的怪病。

　　偵探杜邦與杜龐（Dupont et Dupond）來找丁丁，告訴他探險隊的那兩名得病的人都處於一種嗜睡狀態，被發現的時候身邊都有水晶碎片。這時他們得知探險隊另一名成員洛貝潘教授也同樣陷入昏睡狀態。丁丁認為這幾個人的遭遇絕非偶然，提議馬上通知探險隊的其他成員，並對他們加以保護。探險隊的瑪律克·夏萊準備將這幾個人昏睡的原因告訴偵探們，卻在去往丁丁家的路上遭到謀害，也昏睡了過去。

　　儘管警察採取了嚴密的保護措施，康通納教授依然沒能逃脫陷入昏睡的命運，在他的身邊也同樣發現了神祕的水晶碎

片。丁丁和哈達克船長在好友圖納思教授（Professor Tunasol）的陪伴下，找到最後一名探險隊成員貝爾加莫特。貝爾加莫特告訴大家，據印加人的預言，由於褻瀆了印加王的屍體，探險隊的成員們都要受到懲罰。當天晚上，貝爾加莫特遇害，也陷入昏睡，而圖納思教授遭到了綁架。

丁丁追蹤綁架者留下的痕跡來到港口，碰到即將返回南美的阿爾卡扎。將軍告訴他，吉奎多是印加王的後裔。憑藉小狗白雪發現的線索，丁丁和哈達克船長乘飛機前往秘魯，去搭救圖納思教授。

在秘魯，丁丁和哈達克船長多次遇到印加人的阻撓和暗害，但他們憑著過人的機智和勇敢化解了困難。在受過丁丁幫助的印加男孩佐里諾的引領下，丁丁和哈達克船長終於找到印加人祭祀太陽的神廟，但由於寡不敵眾，他們被抓了起來。印加王出於對丁丁的敬佩，允許他選擇自己被處以火刑的時日，丁丁選定了 18 天後的上午 11 點。

行刑的時間到了，丁丁、哈達克船長和圖納思教授被綁在火刑柱上，大祭司準備利用陽光點燃火堆，丁丁開始向著太陽祈禱，在他的祈禱聲中，黑暗降臨了⋯⋯

這是比利時著名漫畫家艾爾吉（Hergé）的名作《丁丁歷險記》（*The Adventures of Tintin*）中的故事。這本書共分上下兩冊，上冊《七個水晶球》講述的是探險隊成員們的遭遇，下冊《太陽神的囚徒》則講述了丁丁和哈達克船長在美洲克

服重重困難，解救圖納思教授的過程。在故事中，丁丁在危急關頭，借助一種特殊的天文現象，使自己和同伴們擺脫了危機，並挽救了遭受印加人報復的 7 位探險隊員的性命。這種特殊的天文現象就是日食。

艾爾吉在丁丁塑像前

今天我們都已知道，日食是太陽被月亮遮掩而變暗甚至完全看不見的現象，也叫作「日蝕」。日食發生在太陽、地球和月亮處於同一條直線上的時候，這個時候月亮運行到太陽和地球之間，月亮擋住了太陽光線，月球的影子正好落在地球上，被月影掃到的地區就能看到日食。日食有三種類型：日全食、日偏食和日環食。

　　日食必定發生在朔日，即農曆初一，但並不是每個朔日都會發生日食。因為月亮繞地球公轉的軌道（白道）和地球繞太陽公轉的軌道（黃道），並不在一個平面內，它們之間有 5.145 396 度的夾角，所以只有當太陽和月球都運行到白道和黃道的交點附近時，才可能發生日食。

日食現象

　　在以前科技不甚發達的時候，人們對日食的成因缺乏了解，太陽突然消失、白晝忽然變為黑夜這種事，足以令人感到驚惶，乃至恐懼和敬畏。古代東西方都認為日食的出現是極其不吉利的事，並為解釋這種現象編造了很多理由：在中國古代，一些地方認為日食的發生是因為太陽被一條龍吞掉了；還有些地方則認為吃掉太陽的是天狗，這也是漢語中「日

食」二字的由來。古代印度則傳說，釋迦牟尼的弟子目蓮的母親生性凶惡，死後變為惡狗經常追逐太陽和月亮，併吞吃它們。斯堪地那維亞部族認為日食是天狼食日。越南人認為吞吃太陽的妖怪是隻大青蛙。阿根廷人說吃掉太陽的是隻美洲虎。西伯利亞人則說那是個吸血僵屍。美洲阿茲特克人認為日食是魔鬼降臨世間的信號，因此每逢日食發生時，女人們都會歇斯底里地喊叫。而對於「日食」這個詞語的解釋，日本漫畫《哆啦A夢》裡那位男主角野比大雄的說法最為經典，也最有創意──他對他的父親說：「日語裡『朝食』就是早飯的意思，『夕食』就是晚飯，那麼『日食』就是一整天地吃，對嗎？」

儘管日食使古時候的人們感到恐慌，但每當日食發生時，我們的祖先還是想出種種辦法，來拯救陷入危險中的太陽。「救日」的方法有祈禱、向上天懺悔、擊鼓驅趕惡魔、向天上射箭、放鞭炮等，最慘無人道的一種方法是拿活人祭祀，向天神祈求贖罪。

但據西方文獻記載，日食的出現曾平息過一場戰爭：西元前585年，米提斯與利比亞兩族正在打仗，忽然，太陽消失不見了，兩族族人覺得這是上天在表示憤怒，於是扔下兵器握手言和了。後來兩個部落還相互通婚，建立起友好聯盟。由此可見，太陽在人們心目中有著至高無上的地位，就連看不見的時候都有那麼大的威力。

　　由於遠古時期，世界上許多地方都崇拜日神，太陽成為諸多部族的最高神祇，所以日食現象被人們認為是凶兆，也就很容易理解了。

　　上古時期，我們的祖先認為，部落首領是太陽神在人間的化身，這種觀念經過歷朝歷代的傳承和演變，最終形成了「皇帝是天子」的論調。因而中國古代的統治階級認為出現日食的原因是君王無道，政局紊亂，得罪了上天，因此上天降罪於天下百姓，這已經不僅僅是一般的警示了。

　　出於對「太陽消失」這種嚴重警告的重視，每次日食發生時，朝廷總要派人仔細觀測、記錄，並要求太史針對這個現象進行星占。更有甚者，統治者還會要求掌管天文曆法的人預測日食發生的時間。傳說黃帝執政時期，掌管天文曆法的人被稱為「羲和」，古書上曾有「黃帝使羲和占日，常儀占月」的記載，這個職務一直延續到夏朝。在夏朝仲康稱帝時期，在任的羲和由於醉酒而漏報了日食，因而被斬首。這個歷史事件記載在司馬遷的《史記‧夏本紀》中，原文為：「帝仲康時，羲和湎淫，廢時亂日，胤往征之，作〈胤征〉。」由此可見，在古代，天文學家是個極其危險的職業。

　　中國觀測日食的歷史悠久，歷來重視日食的預報，有著世界上最早、最完整、最豐富的日食紀錄，並且這些紀錄保持著連續性。例如在《春秋》中，就記載了發生於西元前770年至西元前476年間的37次日食。從3世紀開始，中國對於

日食的紀錄，更是一直延續到近代，長達近 2,000 年之久。

祖先們對日食的科學解釋為「陰侵陽」，即象徵「陰」的月亮遮蔽了代表「陽」的太陽，而造成了日食現象。漢墓中出土的〈日月合璧〉圖上，太陽和月亮重疊在一起，應該就是當時的日食紀錄。世界天文學家普遍認為中國古代日食紀錄的可信程度最高，為世人留下了珍貴的科學文化遺產。

西元前 1217 年 5 月 26 日，現河南安陽地區發生了一次日食，當地的人們觀測到這個現象，並以甲骨文的方式將其記錄下來。有人認為，這是人類歷史上關於日食的最早紀錄，然而這個說法始終沒有獲得所有人的贊同。不少天文學家認為，人類歷史上最早的一次日食紀錄應該是在夏朝的仲康元年，記載於〈胤征〉這篇古文中。梁代天文學家虞鄺就持此觀點，他還將這次日食命名為「仲康日食」。此後，歷代天文學家都曾以不同的方法進行過推算，如僧一行、郭守敬、湯若望、李天經等。到 1980 年代，關於這次日食發生的時間，已經推算出 13 種不同的結果。在「夏商周斷代工程」啟動後，中國科學院陝西天文臺、南京師範大學物理系、南京大學天文系等單位的學者用現代方法，對這 13 種說法進行核算，發現每一種說法都存在問題。專家組經過一系列的計算，最終認為全世界最早的一次日食紀錄，發生於夏朝仲康時期，其年代在西元前 2043 年至西元前 1961 年之間，距今已有約 4,000 年的歷史了。

　　人們通常以月亮介於太陽和地球之間的時長來表示日食的持續時間。日全食持續的時間一般不會超過 7 分 31 秒。據預測，2186 年大西洋中部地區將發生一次持續時間達 7 分 29 秒的日食。在 21 世紀，總共發生 224 次日食，其中有 77 次不帶其他日食的日偏食，72 次日環食，68 次日全食和 7 次全環食 [1]。在 2011 年、2029 年、2047 年、2065 年、2076 年及 2094 年，各會發生 4 次日食。

　　日全食現象之所以受重視，主要是由於它具有極大的天文觀測價值。科學史上有許多重大的天文學和物理學發現，都是在日全食發生之時被發現或驗證的。例如，愛因斯坦（Albert Einstein）的廣義相對論指出引力場會導致時空彎曲，這個觀點就是在 1919 年的一次日食發生之時得到證實的。

　　1911 年愛因斯坦預言，當恆星的光線接近太陽時，受太陽引力的作用將會有一個小小的偏離，並提出這種恆星光線的彎曲程度是可以測量的。1912 年他提出了「引力透鏡」的概念。1915 年愛因斯坦的廣義相對論發表，並計算出恆星光線在經過太陽附近時所產生的偏折角度為 1.75 角秒，這就是廣義相對論中的「光線偏折」的預言。要想證實這個觀點，需要觀測太陽周邊恆星的位置，而這種觀測只有在日全食發生的時候才能做到。從 1912 年到 1922 年的 10 年間，天文學家進行了多次日食觀測，其中 1919 年 5 月 29 日，由英國

----

[1]　全環食，一種日食現象。在食帶內當日食開始和終了的時候是環食，但中間有一段時間可以看到全食，這種日食叫全環食，又叫混合食。

天文學家愛丁頓（Arthur Eddington）領導的，在非洲普林西比島的日食觀測，證實了愛因斯坦的預言。1922 年，美國天文學家坎貝爾（William Campbell）在澳大利亞觀測過日全食後，證實了愛因斯坦的預言是正確的。就此，愛因斯坦關於「太陽的引力可能引起恆星光線偏折」的觀點才得到科學界的普遍認可。

日食的另一個作用是準確推斷時間。在夏商周斷代工程中，科學家們發現，在周武王起兵攻打朝歌這天，有「天再旦」的現象。經研究認為，所謂「天再旦」，其實是當天凌晨發生了一次日食，由於有了這個記載，學者們終於確認，武王滅商這一天為西元前 1044 年 1 月 9 日。不少人都說，中國古代夏、商、周時期因歷史久遠，缺乏相應文字紀錄，因此難以精確地斷代，而日食天象就像是一座相當精準的歷史時鐘，可以幫助後人確定一些歷史事件發生的時間。

從恐懼到追逐，人們對日食的觀測和記錄，銘刻著人類探索自然奧祕、追尋真理的足跡。

地球的胖子夥伴

　　中國雲南一帶流傳著一個民間傳說，名為「亞拉射月」。這個故事是這樣說的：從前，月亮有九個角八條稜，比太陽還熱、還毒，把人們的臉晒得通紅，莊稼苗也都被烤焦了。月亮一出來，老百姓就沒法過日子了。有對獵人夫妻，丈夫名叫亞拉，是位神射手，妻子名叫妮娥，又聰明又賢慧，看到這種情況，很替大家擔憂。於是，妮娥便叫亞拉把月亮射下來。亞拉說：「天太高了，射不到。」妮娥給丈夫出主意，叫他站在大山頂上射。

　　第二天早上，亞拉照著妮娥說的跑到大山頂上去射月亮，可是射來射去怎麼也射不到。這時候大山突然裂開，一個長鬍子老爺爺走出來告訴亞拉說，必須逮住北山的猛虎和南山的大鹿，用鹿角做箭，用虎尾做弦，才能射得到月亮。

　　亞拉回到家裡，把事情的經過詳細地告訴妮娥，並把遇到的困難也一併告訴了她：原來北山的猛虎和南山的大鹿由於年深日久，皮都長得很厚，普通的箭根本射不動，需得織一張結實的大網，才能捉住牠們。妮娥聽了以後，建議用自己的頭髮來結網。然後夫妻倆花了一個月的工夫，用妮娥的頭髮織成了一張大網。

　　亞拉帶著這張大網，到北山抓住了猛虎，又到南山擒住了大鹿，用虎尾和鹿角做成了弓箭，一口氣把月亮的九角八

稜都給射掉了，月亮變成了一個圓溜溜的大球，可是還是熱得厲害。妮娥看了憂愁地說：「這要怎麼辦呢？」亞拉說：「要是能有一塊大錦，綁在箭上射出去，把月亮蒙住，月光就不會這麼毒了。」妮娥高興地說：「正好我剛織了一匹絲錦，還在織布機上呢，上面織了一棵梭羅樹，一隻白兔，還有一群白羊，你拿去用吧！」

亞拉來到織布機旁一看，絲錦上除了梭羅樹、白兔和羊群外，還有妮娥。原來妮娥打算把他們的家都織到絲錦上，可是還沒來得及把亞拉織進去。亞拉急著要用絲錦，就把這幅絲錦從織布機上割下來，綁在箭上，朝月亮射去，月亮果然被蒙住了。這下月光變得清涼了很多，而且月亮上還多了梭羅樹，樹下還有了白兔和羊群。

月亮升起來了，亞拉和妮娥站在家門口賞月。月亮上妮娥的影子朝地上的妮娥招招手，地上的妮娥不由自主地飄了起來，竟飄到月亮上去了。亞拉急了，從東山跑到西山，想爬到月亮上去，可怎麼也上不去，因為蒙住月亮的那塊絲錦上沒有他。妮娥在月亮上看到亞拉著急的樣子，就把頭髮解開，從月亮上放下來。頭髮一直垂到地面上，亞拉抓住妮娥的頭髮，爬到了月亮上。

後來，妮娥在月亮上織錦，亞拉在月亮上放羊、養白兔，夫妻倆過上了美滿幸福的生活。人們經常能看到月亮上有淡淡的黑影，那就是亞拉和妮娥。

月亮，又叫月球，是離地球最近的天體，也是至今唯——個人類親身訪問過的天體。我們的祖先稱它為「太陰」，和「太陽」是相對的。正常情況下，在白天你所能看見的唯——顆星就是太陽，而在夜間月亮則是星空中最為醒目的天體。

　　月亮是地球的天然衛星，它繞地球公轉的軌道為橢圓形，與地球的平均距離為 384,401 公里。月球的年齡和地球差不多，大約有 46 億歲。

　　我們都知道，月亮是個滿臉麻子的大石球，既沒有九個角，也沒有八條稜。然而，這只是我們如今所見到的月亮，如果能夠乘坐哆啦 A 夢的那架時光機，去到月球剛剛誕生的時候，或許你真的能看到有九個角和八條稜的月球呢。要想把這件事解釋清楚，就得從月球的來歷說起。

　　關於月球的起源，人們有過種種猜測。18 世紀以來提出的假說總結起來大致有三種：「同源說」認為，月球和地球是在同一時期，由宇宙塵埃凝集而成的；「分裂說」認為，在太陽系形成早期，還處於熔融狀態的地球在高速旋轉時，有一部分物質被甩了出去，形成了月球；還有一種「俘獲說」認為，月球是在與地球完全不同的地方形成的，後來被地球引力捕捉到，成為地球的衛星。這三種說法都獲得了一些科學實驗的支持，但它們也都與實際研究的結果有出入。1980 年代，一位天文學家提出一種新的假說，即「重塑撞擊說」。

他認為，在太陽系形成初期，剛剛誕生不久的地球與另外一個天體相撞，撞擊產生的碎片經過長時間的累積、凝聚，最後形成了月球。

嫦娥奔月

如果「重塑撞擊說」描述的是真的，那麼回到 46 億年前，我們看到的月亮，很可能就是九角八稜的。不僅如此，在它尚未冷卻的時候，也確實如「亞拉射月」裡所描述的那樣，能放射出很熱的光。

在「亞拉射月」裡還寫道，月亮上有一隻白兔。它原本是妮娥織在絲錦上的，後來也被帶到了月亮上。事實上，「月中有兔」這個說法，在中國各地流傳很廣，許多民族都有類似的傳說，只是因民族相異，傳說略有不同。在大家耳熟能

詳的神話故事「嫦娥奔月」中，嫦娥吞下不死藥向月亮飛去的時候，懷裡就抱著一隻兔子。

但是，考察中國最古老的典籍，最先登上月球的，並不是那隻白兔，而是一隻白虎。白虎是怎麼變成兔子的呢？這就要從月神的出身說起。

上古時期，一神制的太陽神崇拜在華夏大地流行，許多小部落結成聯盟，總首領被尊為「伏羲」，即「偉大的太陽神」。伏羲的妻子，被尊稱為「女媧」，也就是傳說中使用黃土造出了人類的那位女神。據郭沫若和丁山先生考證，女媧的「媧」，在遠古時期寫作「娥」，意思是「老祖母」。

當一神制產生分化，即「太極生兩儀」以後，華夏大地各民族崇拜的神分成了兩個人：伏羲和女媧，他們分別為日神和月神。與此同時，兩位神祇的職能也進一步分化：伏羲除了負責太陽的運行外，還執掌春天，於是他又被稱為「春神」。在春天黃昏時分出現在地平線上的青龍星座，也被劃為伏羲的星座，因此伏羲又被稱作「青帝」，承擔起使生物覺醒和生長的責任。相對地，女媧負責月亮的運行，並執掌秋天，又被稱為「秋神」。在秋天黃昏時分出現在地平線上的白虎星座，被看作是女媧的星座，因此女媧又被尊為「白帝」，擔負著懲罰惡行和使萬物入眠的責任。在此基礎上，神話傳說再次衍生發展，伏羲成為了東王公，女媧則成了後世聞名的西王母。《易經》裡說：「日為沖、為虛，月為盈、

為滿。」金庸小說中的兩位主人公，那對笑傲江湖的俠侶，令狐沖和任盈盈，他們的名字就是由此而來的。

由於白虎星座是女媧的星座，而女媧又被看作月神，所以月亮就與白虎連繫了起來，「月中有白虎」的說法也由此產生。而在古代，淮楚一帶的人將虎稱為「於菟」，又寫作「於䖘」。由於當時中國部落眾多，各地語言存在差異，在長期的流傳中難免發生「望文生義」的事，於是白虎就漸漸被傳成了「白兔」。這就是「月中有兔」傳說的真相。

在月神和西王母等同起來的同時，月亮中有不死藥的傳說也應運而生。這個傳說的底蘊，應該來自月相的變化。

隨著月亮每天在星空中自西向東環繞地球公轉，它的形狀也在不斷地變化，這種變化叫作「月相」。月亮自己並不會發光，它是靠反射太陽光才發亮的。隨著月亮相對於地球和太陽位置的變化，使它被太陽照亮的一面有時對著地球，有時背向地球，而月球朝向地球的一面，有時被照亮的部分多些，有時少些，這樣就出現了不同的月相。

當月亮運行到地球和太陽之間，被太陽照亮的半球背著地球，這時候我們看不見月亮，這種情況叫「朔」，也叫「新月」，每個月的這一天便是農曆初一。古人稱這一天的月亮為「死魄」或「死霸」，而「魄」和「霸」在古時候都與「白」字音相通，當理解為「死白」，即月光消失了。過了朔日，月亮被照亮的部分逐漸轉向地球，古人認為這是

月光復生，稱之為「生白」。在屈原的〈天問〉中就有「月光何德，死而又育？」的句子，此句中的「育」是「生育」的意思。到了農曆十五前後，月亮被照亮的一面全部對著地球，這時的月亮稱為「滿月」，也叫「望」。古人無法解釋月光「死去」又「複生」，進而「圓滿」的這種週期性變化，認為月亮有死而復生的能力，於是月亮中有不死藥的傳說就產生了。

月相變化圖

在月神女媧向西王母轉化的過程中，其名字也發生了多種變化。這種變化是由於華夏地區各個小部落對最初的神話理解不同造成的，也與各地區古文字的讀音和字意不同有著極為密切的關係。女媧，在上古時期又叫作「女娥」，由於「娥」字與「儀」字同音，且古代常以「尚」代「上」字作為尊稱，所以「女娥」又變成了「尚儀」。而「常」字在古代又

經常與「尚」字通用，所以「女娥」又變為「常儀」或「常娥」，最終定名為「嫦娥」。古代的「娥」還與「和」同音，有時也相互通用，因此伏羲和女媧合稱為「羲和」。古時候執掌天文的官吏常以「羲和」為名，其根源就在於此。

在黃帝的傳說大行於世之時，女媧又與黃帝的妻子「嫘祖」混同起來，並被賦予「後土娘娘」的稱號，有了教授人們採桑養蠶、紡布織錦的功績。後世的人們經常辦春社，祭祀後土娘娘，而土地廟前常會栽種桑樹，這些都與女媧的傳說有關。過去舉辦春社的日子被稱作「社日」，每逢這天，人們不事生產，聚在土地廟前的桑樹下，載歌載舞，歡度節日。這天也是年輕男女們法定的「約會日」，因為女媧娘娘不僅負責保證大地豐收，也會保佑人們多多生育 —— 在遠古時期，不管是做男神或做女神，都比現在難得多，也累得多，可不是光在網路上發幾張自拍的照片就能成「神」的。每位神祇都有許多職責，也因而就有了許多名號。這是因為那時候文字剛被發明出來不久，漢字比現在少得多，部族首領的稱號代代相傳，很多人的發明和功績在長久的傳頌中歸到一人身上。於是我們勤勞的祖先，就被迫穿越，在這個時代發明了這個工具，又轉去另一個時代傳授那個技術，忙得四腳朝天。

盛名壓身的女媧娘娘，不僅掌管著地球上人們的生產和生活，還執掌著月亮的運行，她既是大地女神，又是月亮女神。

女媧塑像

　　月亮自古以來就被看作是地球不可或缺的伴侶。月球繞地球轉一周叫一個「恆星月」，這個時間平均為 27.32 天。在繞地球公轉的同時，月球本身也在自轉，它的自轉週期和公轉週期是相等的。正是由於這個原因，月亮永遠以一面對著地球。

　　地球的公轉軌道平面和天球 [2] 相交的大圓叫作「黃道」。月球以橢圓軌道繞地球運轉，這個軌道平面在天球上截得的圓稱「白道」。白道平面不重合於天赤道，也不平行於黃道

---

[2]　天球是為了研究天體的位置和運動，而引進的一個假想圓球。根據所選取的天球中心的不同，分日心天球、地心天球等。天球的半徑是任意選定的，可以當作數學上的無窮大。通常提到的「天球」多指地心天球，即以地球球心為中心，且具有很大半徑的假想圓球。

面，空間位置在不斷變化，週期為 173 日。很早以前，人們就根據月亮的運行制定了太陰曆。中國的二十八宿在劃分時選取的參照物就是月亮圍繞地球公轉的軌道——白道。

作為地球不可或缺的夥伴，月亮對地球有著不可忽視的影響。單就衛星而言，月亮可謂是個「大胖子」。月球有足夠大的體積和質量，它的強大引力產生了穩定地球自轉的作用，也使得地球在繞著太陽公轉時，運行得更加穩當，不至於搖擺或顛簸。

地球始終圍繞著一個假想的軸自轉，這個軸叫「地球自轉軸」。如果失去了月球的「攙扶」，地球自轉軸的傾斜角度將會產生波動。地球自轉軸與地球繞太陽公轉的軌道有一個 66°34′ 的夾角，這是地球產生晝夜長短和四季交替的根本原因。一旦地球自轉軸的傾角發生改變，地球的四季將失去現在的規律，氣候也會受到嚴重影響。

與地球不同，火星有兩個小衛星，但是它們的引力都不夠強大，所以火星的運轉是跌跌撞撞的，它的自轉也是不平衡的。火星與地球的不同命運證實了月球的重要性。此外，「胖子夥伴」月球還為地球充當了擋箭牌。如果沒有月球，地球也許會被流星撞得千瘡百孔，月球上的隕石坑就是最好的證明。

現在我們的一天有 24 小時，這是因為地球每 24 小時自轉一周。但是在 30 億年前，地球上的一天只有 14 小時！現

在地球的自轉變慢了。這是因為月球作為地球的同步自轉衛星，與地球之間存在著「潮汐鎖定」效應，這就使得地球自轉多了一個阻力。月球對地球的引力引發了地球上的潮汐作用，當地球旋轉時，海水湧到隆起的部分，海洋中其他地方的水位變淺，海水和陸地之間因相對運動而產生了巨大的摩擦力。這個摩擦現象類似於汽車的「剎車」，最終的結果是地球的自轉速度變慢。如果不是月球從很早以前就幫地球減速，地球上的空氣流動會更快，風力也就會更猛，方向也會有所不同，我們的生活就沒有現在這麼方便了。

此外，月球是引發地球海水潮汐的主要動力，而潮汐對生物的多樣性有著重大貢獻。例如，中國海洋潮汐有正規半日潮、正規日潮和混合潮三種類型，在潮間帶，生物的種類最多，數量也最大。如果沒有月球，地球上的生命不會這樣五彩繽紛。

經科學家計算，月球正在以每年 4 公分的速度遠離地球，這個資料看似微小，但日積月累，終有一天月亮會遠離地球。也許在很久很久以後的某天，地球終會失去月亮這個「胖子夥伴」，這將對地球產生極大影響，但幸運的是，我們看不到這一天的來臨。

金星的多重身分

在太陽系的八大行星中，水星、金星、火星、木星和土星在很早以前就為人們所認識。這五顆行星在世界各地有著不同的稱呼，但無論哪顆行星都不像金星那樣擁有那麼多的名字。

在中國古代，最初把金星看作蚩尤在天上的化身，因為相傳青銅是蚩尤開採和冶煉出來的，所以蚩尤被稱作「金天氏」，後來轉化為「刑天」。他可以說是中國古代傳說中的第一代死神。

相傳蚩尤是炎帝的部下，專職負責製造青銅器。當時的炎帝名叫榆罔，為人和善，沒什麼魄力。蚩尤見炎帝軟弱可欺，便率領他的族人發動政變，自立為新的炎帝。榆罔被迫向堂兄弟（或表兄弟）黃帝求援，並且將自己的部落和黃帝部落合併。在蚩尤叛亂之前，炎帝一直是中原地區的主宰，他們的部落重視農業生產，科技水準在華夏地區首屈一指，而黃帝部落則基本上是個遊牧民族。在黃帝與蚩尤的戰爭中，蚩尤雖然在兵器上占了上風，但是黃帝發明了戰車，使軍隊行動更快，因而才能一舉攻克蚩尤的陣地。黃帝也因為發明了戰車而被稱為「軒轅」。

蚩尤後來被擒獲，受到車裂的懲處。黃帝和蚩尤的那場戰爭是中國上古時期第一場大規模戰爭，牽扯在內的部落非

常多，並給許多部落留下了陰影。故此，蚩尤才被看作是死神，同時也是戰神。

在「兩儀生四象」之後，四季與東西南北四個方位確定下來，每個方位的代表神也就初具模型。「白帝」西王母執掌秋季，負責肅殺、刑罰，其形象為人身豹尾，「戴勝」，即戴著虎頭面具。她的手下，有著虎身的陸吾，被奉為死神，職責是看守天門。而陸吾在天上的化身，就是金星。

乃至建立在陰陽學說基礎上的五行觀念發展成熟，並與時令、方位、行星、音樂、感官、農作物等各個方面連繫起來，成為中華思想文化中的一塊基石。當時已發現的太陽系內的五大行星均被冠以五行之名，並有了各自的意義。與五行相配的「五帝」為東方太暤、南方炎帝、西方少昊、北方顓頊和鎮守中央的黃帝。同時，還產生了「五佐神」作為五帝的輔佐之臣，他們是：東方勾芒、南方祝融、西方蓐收、北方玄冥和中央后土。作為蚩尤在五佐神中的「替身」，蓐收被設計為手中執斧的形象，這和早期傳說中的蚩尤是完全相同的。

在一些畫像中，蓐收也被畫為一手執斧，一手執矩。在古代，「規」和「矩」分別代表「執天」和「掌地」。在伏羲和女媧的畫像中，大多時候伏羲手持規，女媧手拿矩。蓐收手裡的矩，應當是在他成為西王母的代言人後出現的。後來這把矩就演變成了收割莊稼的鐮刀 —— 它同時也收取人的

性命。這是因為蚩尤最早作為炎帝的部下，被奉為農神的緣故。古漢語裡，蚩尤的「蚩」字是小蟲的意思，「尤」則是「由」的假借字，而「由」字在古代與「農」字通用。據《錢譜》記載：「神農幣文『農』作『由』。」農神的武器，自然非鐮刀莫屬了。

蓐收畫像

在中國古代，金星在凌晨出現時被稱作「啟明」，在黃昏出現時則被稱為「長庚」，民間則稱其為「太白金星」，其形象是個有著很長白鬍子的老頭兒。這個形象來自大禹的兒子啟。

作為夏朝的開國君主，啟通常又被稱作「夏后啟」，這個「后」是「執掌」的意思。關於啟這個名字的來歷，民間傳說是這麼說的：大禹在治水期間，娶了塗山氏的女嬌。女嬌發現大禹變身為黃熊去開山，覺得很慚愧，就化身為一塊石頭。大禹回來，問石頭要兒子，於是石頭裂開，生出了啟。大禹給兒子取名叫啟，是為了紀念「石頭開啟」這件事——這或許可以解釋為何太白金星會那麼熱心地幫孫悟空在玉皇大帝面前說好話，因為他跟孫猴子一樣都是從石頭縫裡蹦出來的。這個傳說並非是最初、最原始的解釋，它是後人編造的。金星之所以被稱作啟明，並被視作天門的守衛，是因為它先太陽升而升，後太陽落而落。

在禹執政時期，盛行太陽崇拜，於是大禹被尊為太陽神。啟作為大禹治水時的助手和開路先鋒，正和金星一樣「先太陽而行」，這就是啟被叫作「啟」的原因，也是啟作為金星化身的主要原因。由於西王母主西方，對應的顏色是白色，所以金星又有了「太白」的稱呼。據野史記載，啟在創立夏朝、登基稱王時，年紀已不小，頭髮鬍子都白了，正和傳說中的太白金星一模一樣。

《漢書‧天文志》中記載：「太白經天，天下革，民更王，是為亂紀，人民流亡。」意思是：在大白天看到太白金星時，天下要改朝換代，更換君主，亂世之下，人民流離失所。這與「蚩尤」及「啟」的象徵意義是相同的。啟開創夏朝，在

位 9 年，留下的唯 ── 篇文字記載是征討有扈氏時口述的一篇檄文，名為〈甘誓〉。相傳啟廢除了之前的禪讓制，透過武力征伐伯益，將其擊敗後，採用了世襲制。有扈氏不服，兩家遂動起刀兵，最後啟獲得了勝利，鞏固了夏朝的統治。從啟一生的事蹟來看，他倒真無愧於「死神」這個稱呼了，堪稱蚩尤的繼承者。

啟的好戰，不僅體現在開創夏朝之後。在西漢揚雄等人編撰的《蜀王本紀》裡記載了古蜀國滅亡的經過，也可能跟啟有關。原文是這麼說的：「……時蜀民稀少。後有男子，名曰杜宇，從天墮，止朱提。有一女子，名利，從江源井中出，為杜宇妻。乃自立為蜀王，號曰望帝……望帝積百餘歲，荊有一人，名鱉靈，其屍亡去，荊人求之不得。鱉靈屍隨江水上至郫，遂活，與望帝相見。望帝以鱉靈為相。時玉山出水，若堯之洪水。望帝不能治，使鱉靈決玉山，民得安處……鱉靈即位，號曰開明帝。」文中的「荊」，是「荊楚」的簡寫，「荊楚之地」位於湖北省中南部，地處長江中游和漢水下游的江漢平原腹地。文中的「朱提」，為今天的雲南省昭通市。該地以產銀而聞名，因夷人稱銀為「朱提」，所以此地就以「朱提」為名了。還有，在南方彝族文獻中「天」或「天上」還含有外氏族的意思。而鱉靈，也就是龜，說得更準確一點，「鱉靈」是以龜為圖騰的部落的首領。在古蜀國建立時期，這個部落應該是支新生力量。由中國古代星座圖

可以知道，龜實際上是玄武的一部分，而玄武星區是以夏朝的祖先來命名的。玄武畫出來是龜和蛇的結合體，其中龜是大禹的父親鯀，蛇是大禹的母親女修。所以，號為「鱉靈」的這個人，實際上是鯀的子孫，連繫上下文看，這個「鱉靈」應該就是後來接替大禹執政的啟。

那麼，杜宇又是誰呢？《山海經》中有這樣一段記載：「夏后啟之臣名孟塗，是神司於巴。」在《山海經》的〈海內西經〉裡，則是這般描述的：「開明獸身大類虎，東向立昆侖山上。」將這兩段記載結合起來看，意思是啟有一隻像虎一樣的大獸，長著人的面孔，鎮守在昆侖山上，名叫孟塗。

其實，孟塗，很可能原本寫作「孟塗」，與「於菟」諧音，意思是虎。《左傳·宣公四年》記載：「楚人謂虎於菟。」而事實上，「於菟」這兩個字並無一定寫法，在許多古籍裡，還寫作「孟塗」、「於塗」等等。而杜宇，應該寫作「宇杜」，其實就是那位「司於巴」的孟塗。也就是說，杜宇，是一位以虎神為號的部落首領，在啟執政的年代，他統治著四川郫縣一帶。

杜宇自立為王時為自己取的號也很能說明問題。滿月稱為「望」，望帝的意思就是「滿月之神」，簡稱「月神」。結合西王母的出身來看，古蜀國的人崇拜的是月神。他們的首領以月神女媧的「寵物」為名，自號為虎，是非常自然的事。最能說明問題的是現存於成都附近的三星堆。它是獵戶

三星在地面上的映射。中國古代稱獵戶三星為「參」，歸為白虎星座，也就是女媧 —— 西王母的星座。三星堆當是為了祭祀西王母而修建的。

近年來考古學家們針對四川的三星堆遺址做了數次細緻的考察。有些學者認為，根據已發掘出的文物推斷，三星堆古城屬於當時古蜀文明的中心城市，這樣的社會歷史發展水準只能與文獻記載中的「杜宇之世」相匹配。而著名科幻小說作家童恩正先生在生前曾偕同劉興詩先生考察過該地，也發現了古時洪水暴發遺留的痕跡。

此外，需要說明的是杜宇妻子的來歷。江源的「江」字，很可能是後世在傳抄古文件時用的一個假借字，它的本字應該是「姜」。源字是「嫄」的假借字。姜嫄氏在傳說中是帝嚳的妻子，上溯其家族，可以發現她是炎帝部族的後人，姓有駘氏，參星之神實沈以及驚嚇過晉平公的台駘，都是有駘國的後裔。這段文獻中的「井」指的應該是井宿。上古時期，人們提及家鄉時，通常會以所屬星宿來代替地名。周朝以前，包括周代的分野，井宿所對應的地點是現在的陝西關中一帶，正是姜姓部落居住的地方。歷史上的姜子牙就是關中當地的部落首領，在幫助武王打敗紂王後，才領到了山東的封地。

根據現已掌握的上古時期的風土人情去分析揚雄的這段記載，故事就清晰地浮現出來了：很早以前，居住在四川的

人還很少，從四川盆地外來了一個名叫杜宇的男人，最初留住在朱提這個地方。後來他娶了姜姓女子為妻，並借助妻子部族的勢力，當上了蜀國的國王，號稱「望帝」。杜宇執政若干年後，國內發生了大洪災，百姓流離失所，而杜宇除了整日祈禱外什麼也不會做。這個時候，啟從湖北地區偷偷摸摸地來到了蜀地，帶來了先進的治水技術。治水成功之後，啟就被眾鄉親推舉為當地的部落首領。古蜀國也就成為他繼任夏朝帝王的第一筆政治資本。而可憐的望帝卻因無法對付大水而被放逐，終日在山上啼哭。

在另外的傳說裡，望帝死後化作了杜鵑，自此就有了「望帝啼鵑」這個成語。如果以當時的風俗來衡量的話，望帝很可能在啟篡位之後，投奔了附近以鳥為圖騰的部族。杜鵑，又名子規，也叫布穀鳥。若是以後世流傳的「子規啼血」這個詞語來推測，則杜宇很可能被啟殺掉了。倘若真是這樣，在啟篡位時逃過劫難的望帝下屬將啟 —— 金星看作死神，也是理所當然的事了。

將金星視作死神的還有中美洲的馬雅人。馬雅人非常重視金星，認為它是「羽蛇神」魁札科亞托（Quetzalcoatl）在天界的化身。不僅如此，他們還推算出了金星曆，為 583.92 天，即每過 583.92 天，太陽、金星、地球三者會呈現相同的位置排列。此外，在馬雅人的習俗中，虎有著很重要的地位。在馬雅傳說裡，現代為「第五太陽紀」，神在這一紀創

造了 4 位玉米人，是現代人的祖先，他們分別叫作笑面虎、夜行虎、無相虎和月光虎。後來的一位馬雅國王，還自名為「美洲虎·爪」。對金星和虎的崇拜，顯示出馬雅人似乎與中國古代文化有著千絲萬縷的連繫。

和在中國待遇一樣，在希臘，金星也有兩個名字，早晨出現時，它叫「福斯福洛斯」，而在黃昏出現時它叫「赫斯珀洛斯」。傳說中，福斯福洛斯（Phosphorus）和赫斯珀洛斯（Hesperus）是一對兄弟，都是提坦族的巨神。古希臘人並不知道早晨出現的「啟明」和傍晚出現的「長庚」實際上是同一顆星，所以安排了兩位神祇來主管同一天體。

維納斯塑像

古巴比倫人在對金星的認識上，比古希臘人要清楚。他們早就知道作為晨星的金星和作為昏星的金星是同一顆星。並且，由於金星是夜晚除了月亮以外最亮的天體，所以古巴比倫人以美神「伊絲塔」(Ishtar)的名字為其命名。古希臘人從古巴比倫人那裡學得了金星的知識後，也繼承了古巴比倫人的風俗，將金星的名字換成愛神「阿芙蘿黛蒂」(Aphrodite)。從此，福斯福洛斯與赫斯珀洛斯就都被阿芙蘿黛蒂取代了。後來羅馬人又用他們的愛神來代替阿芙蘿黛蒂，就是我們所熟知的「維納斯」(Venus)。現在國際天文學界稱呼金星都使用「維納斯」這個名稱。

在古希臘的傳說中，阿芙蘿黛蒂誕生於海洋。當時的天神名叫烏拉諾斯(Uranus)，他也是眾神的父親。烏拉諾斯的兒子克洛諾斯(Cronus)想奪取大神的統治地位，於是向父親挑戰。在這場對戰中，克洛諾斯取得了勝利，並砍下了烏拉諾斯的生殖器。被砍落的部分和血滴落進海裡，激起浪花，在浪花中誕生了美神阿芙蘿黛蒂。阿芙蘿黛蒂不僅是美神，也是愛神，無論哪個神祇都無法擺脫她的魔力。

古羅馬人幾乎全盤借鑑了古希臘的神話傳說，當然也沒忘記為福斯福洛斯在古羅馬神話裡安排一個位置，只不過將福斯福洛斯改名為路西法(Lucifer)，意思為「發光者」或「晨星」。

在很多古典藝術作品裡，福斯福洛斯都被描繪為一個手持火炬的俊美青年。但變成路西法之後，待遇卻完全不同了。在《聖經》中，路西法被寫成上帝耶和華（Jehovah）手下的大天使長，後來率眾叛變，成了墮落天使。他在與米迦勒（Michael）的戰役中被擊敗，落入地獄，從此之後成為掌管地獄的魔王，並改名為撒旦（Satan）。文藝復興時期的英國詩人約漢・彌爾頓（John Milton）在他的長詩《失樂園》（*Paradise Lost*）中描寫了這段傳說，且痛心疾首地呼喚著路西法的名字吶喊：「光明之子啊！你竟何墜落？」

死神撒旦的形象我們都很熟悉，在國外的諸多作品裡，他都被描繪為一個披著黑斗篷、手持大鐮刀的骷髏。其實「撒旦」這個名字，來自羅馬神話裡的農神薩圖恩努斯（Saturnus），土星就是以這位農神的名字來命名的。這個薩圖恩，在古希臘神話裡的原身，就是推翻了自己父親的克洛諾斯，後來他又被自己的兒子宙斯（Zeus）打敗，宙斯就成了新一代的天王。

儘管國籍從中國換到了羅馬，但死神依然是農神，手裡拿著的，還是那把能收取人性命的大鐮刀。從死神的形象上，依稀能夠看到中國古代文化對世界的影響。

或許「路西法」這個名字對金星來說是最合適的，因為在某些方面，金星真的很「逆天」——

金星的自轉為逆向，即自轉方向與公轉方向相反，這是太陽系八大行星中獨一無二的現象。因此，假若你站在金星上，會發現太陽是從西邊升起來的。

金星是太陽系中唯一一顆沒有磁場的行星。在八大行星中，它的軌道最接近圓形。金星非常鍾愛地球，它與地球距離最近時，總是以同一個面面對地球，這種情況每 5.001 個金星日發生一次——當然，這可能是潮汐鎖定作用的結果。

金星和月球一樣，也具有週期性的圓缺變化，即位相變化，但由於金星距離地球太遠，用肉眼是無法看出來的。關於金星的位相變化，曾經被伽利略（Galileo Galilei）作為證明哥白尼（Nicolaus Copernicus）地動說（Heliocentrism）的有力證據。

作為一顆行星來說，金星有時候實在亮得有點不像話，以至於有人把它當作了 UFO。1944 年，美國海軍「紐約號」戰艦前往硫磺島參戰途中，發現了一個銀白色的圓形物體，高度緊張的美軍官兵認為該物體可能是敵人的偵察氣球，於是船長下令向「氣球」開炮。後經領航員計算，這個被炮轟的不明物體是金星。

金星的表面溫度很高，最高達 485°C，不存在液態水，大氣壓約為地球的 90 倍，並且其上空閃電頻繁，每分鐘多達 20 多次。這些惡劣條件，給人類探索金星造成了極大的困難。所以，金星，這顆地球的姊妹星，到底是美神的化身，還是最終修煉成死神的墮落天使，目前我們還沒法下定論。

繽紛的火星文化

提姆・奧哈拉（Tim O'Hara）是一位新聞記者，住在洛杉磯。某日，在外出採訪途中，他目睹了一艘太空飛船從天空墜落。提姆迅即趕到事發地點，從破損的太空船裡救出了一位衣著怪異的駕駛員。經過簡單的交談，提姆得知自己救下的這個人來自火星，由於飛船出了事故，而臨時降落在地球上。為了修復損壞的飛船，並尋找重新啟動飛船的能源，火星人被迫化身為地球人在提姆家暫住。好心的提姆為了保護火星人，對外宣稱他是自己的叔叔，還根據「火星」的英文發音為他取了個諧音的名字叫「馬丁」。從此，馬丁叔叔（Uncle Martin）作為提姆家的一分子，開始了他的地球生活。這位馬丁叔叔神通廣大，能看穿別人的心思，能使用超能力遙控和移動物體，頭上可伸縮的天線一旦冒出來就可以讓自己隱身……他的特殊能力以及他對日常生活中瑣碎小事的奇特處理方法，引發了一個接一個的問題。儘管提姆常常不得不為了收拾馬丁叔叔製造的「爛攤子」而疲於奔命，但在提姆遇到困難時，馬丁叔叔總是挺身而出，憑藉他超人的智慧和與生俱來的能力使提姆化險為夷。而在應付層出不窮的麻煩的同時，馬丁叔叔也並沒有忘記為返回火星而努力……

火星叔叔馬丁

　　《火星叔叔馬丁》（*My Favorite Martian*）是一部帶有科幻色彩的系列喜劇，由美國 CBS 公司製作，從 1963 年起播出了三季，共 107 集，每集 30 分鐘。這部電視系列劇的主角是一位性格和善、機智幽默的火星人。

　　大家都知道，火星是太陽系八大行星之一。以太陽為中心，由內向外數，火星排在第四位。火星是一顆類地行星，直徑約為地球的 53%，自轉軸傾角、自轉週期都與地球相近，公轉一周約為地球公轉時間的兩倍，為 686.98 日，因此，火星上也有四季變化，只不過每一季節的時長差不多為地球的兩倍。

　　在中國古代，把火星稱作「熒惑」，因為它「熒熒似

火」，亮度時常變化，而且運行情況比較複雜，有時順行，有時逆行，不容易找到規律，很讓人困惑。

古人認為熒惑和國事有密切關係，而且多是乾旱、戰爭等不幸事件，更為凶險的是，皇帝可能因此喪命。在《魏書》裡有這樣一段記載：魏太史奏，「熒惑在匏瓜中，忽亡不知所在，於法當入危亡之國，先為童謠妖言，然後行其禍罰。」魏主嗣召名儒十餘人使與太史議熒惑所詣。崔浩對曰，「按《春秋左氏傳》：『神降於莘』，以其至之日推知其物。庚午之夕，辛未之朝，天有陰雲，熒惑之亡，當在二日。庚之與午，皆主於秦；辛為西夷。今姚興據長安，熒惑必入秦矣。」眾皆怒曰，「天上失星，人間安知所詣！」浩笑而不應。後八十餘日，熒惑山東井，留守句己，久之乃去。秦大旱，昆明池竭，童謠訛言，國人不安，間一歲而秦亡。眾乃服浩之精妙。

這段記載裡的崔浩是南北朝時期北魏著名的政治家和軍事謀略家，他精通天文，善於做星占，對熒惑的這個「預言」，就是他諸多星占中最為出色的一次：某一天，掌管天文的太史啟奏北魏皇帝拓跋嗣說：「火星在匏瓜星中出現，忽然又不知跑到哪裡去了。按道理說，它應該到形勢險峻且馬上就要滅亡的國家去。它出現的那個星宿所對應的國家，先出現童謠妖言，然後再發生禍亂，這是上天對該國的懲罰。」拓跋嗣召集了十幾個有名的儒士，讓他們與太史一起

討論，參悟火星所示的含義，推測星落的方位。崔浩說：「按照《春秋左氏傳》的說法：『神靈在莘地（古莘國）降落』，根據日期推測，可以得知這個神靈是誰。庚午日的晚上，辛未日的早晨，天上有烏雲密布，火星失蹤的時間，應該是在這兩天。庚和午對應的都是秦國，辛指的是西方的夷族。現在姚興據守在長安，火星一定是降臨到秦國去了。」眾人聽後，都很不高興地指責他說：「天上丟失了一顆星星，地上的人怎麼能知道它掉到哪裡去了？」崔浩並不回答，只是微笑。80多天以後，火星突然又在井宿附近若明若暗地出現，很長時間才消失。不久，秦國大旱，昆明池中的水也枯竭了，各種謠傳紛紜不休，百姓人心不安。只隔了一年，秦國的國君死了，秦國也滅亡了。這時大家才信服了崔浩的過人才智。

也許是由於火星的顏色容易使人聯想到鮮血和戰火，在古代，無論是東方還是西方，都常把它和戰爭連繫起來。古希臘人以他們神話中的戰神「阿瑞斯」（Ares）來稱呼火星。而到了古羅馬人那裡，火星的職務沒變，名字卻改為「瑪爾斯（Mars）」，這也是目前國際天文學界對它的通稱。

關於「火星上有智慧生命」的傳言，其實起源於一個翻譯上的失誤。

火星在橢圓軌道運行時，與地球的距離有較大的變化。大約每隔兩年零兩個月，火星接近地球一次；每隔 15 ～ 17 年火星會有一次「大沖」，這時它與地球特別接近。

1877 年火星大沖時，義大利天文學家喬‧斯基亞帕雷利（Giovanni Schiaparelli）在觀測後宣稱，他在望遠鏡中觀測到火星表面有幾百條「河流」樣的黑暗條紋，並發表了手繪的火星圖。斯基亞帕雷利將這些條紋稱作「Canali」，即「河流」之意。但這個詞在翻譯成英文時被譯成了「運河」，此後的幾十年裡，觀測火星表面的「運河」便成了火星研究的重要課題。

美國的天文學家帕西瓦爾‧羅威爾（Percival Lowell）也發現了「Canali」，並認為這些「Canali」整齊筆直，非自然所能形成。他據此推測火星上曾有過智慧生命，但如今已經消亡，消亡的原因之一就是缺水。

羅威爾的推測極大地刺激了科幻作家們的想像，以火星人為題材的科幻小說應運而生。火星人中最經典的形象為水母型，源自英國小說家威爾斯‧威爾斯（Herbert Wells）在 1898 年發表的著名科幻小說《世界大戰》（*The War of the Worlds*，又名《大戰火星人》）。1938 年 10 月 30 日，美國的奧森‧威爾斯（Orson Welles）據此編寫了一檔火星人進攻地球的廣播節目，並在紐澤西州播出。雖然在節目開始時就已說明這是科幻，但很多不明真相的聽眾仍然信以為真，紐澤西州居民尤其驚恐不安，數百人駕車出逃。

或許是威爾斯的小說給讀者的印象太深，此後大多數科幻作品中出現的火星人，都對地球人持敵對態度。1996 年由

華納兄弟娛樂公司出品的《星戰毀滅者》（*Mars Attacks!*）可謂是這些作品中的代表。其主要內容是這樣的——

據新聞媒介報導，火星人正乘坐著一艘碟狀飛船抵近地球。他們要在地球上挑起一場戰爭，進攻的首選目標是美國。但美國政府尚未弄清這些不速之客的來意，總統希望和火星人協商，以尋找一個和平解決事端的途徑。因此，下令為火星人的到來準備一個隆重的歡迎儀式。

總統召見了火星專家凱斯勒教授（Professor Kessler）和凱西（General Casey）、戴克（General Decker）兩位將軍，共同商討對付火星人的計畫。凱西和總統意見一致，認為火星人是和平的使者，與火星人建交並共建和平、良好的星際秩序，是人類邁向宇宙的第一步。凱斯勒教授是多年研究火星人的專家，他提示大家要小心謹慎，提高警惕，防止火星人對人類發動突襲。雖然政府對此事非常緊張，但大部分美國人對火星人的到來持一種漫不經心的態度。

飛船在美國海軍基地降落。火星人個個面目猙獰，頭戴巨大玻璃罩，全副武裝，持有殺傷力極強的鐳射武器。他們在歡迎儀式上大開殺戒，並使用種種惡劣手段，百般捉弄懷著美好希望來歡迎他們的地球人。

火星人在美國各大城市橫行無忌，一位老婦人特瑪・諾里斯偶然發現了火星人的弱點：配合老式歌曲的高頻音樂可以摧毀火星人……一場浩劫終於結束，地球人獲得了拯救。

這部由提姆・波頓（Tim Burton）執導的科幻片動用了眾多明星，演繹了一個富有反諷意味的荒誕故事。拋開其科幻色彩，《星戰毀滅者》想要告訴大家的是：事實上，是地球人自己出了問題。這個問題，只有滲透在溫馨老歌裡的舊日的美好情懷，以及互相幫助的精神才能解決 —— 也就是說，在這部電影中，面貌醜陋、裝束怪誕的火星人只是承載危機和問題的工具。

　　相比諸多心懷惡意的火星人，馬丁叔叔顯得十分「另類」，但卻平易近人得多，也可親可愛得多。1999 年，《火星叔叔馬丁》被改編為電影，由克里斯多福・洛伊德（Christopher Lloyd）主演，當年在電視劇中扮演火星叔叔的雷・沃爾斯頓（Ray Walston）再次出演了馬丁叔叔，並最終回到了火星上。

　　最為和善也最為弱小的火星人，出現在日本漫畫《哆啦 A 夢》中 —— 它們是哆啦 A 夢利用火星上的微生物造出來的，並在哆啦 A 夢的先進道具下迅速進化，製造出太空船，來到地球考察。在發現地球人個個「十分凶暴」，而且對外星人極其不友善之後，微小的火星人認為，有著這樣的鄰居實在是件很危險的事，於是集體移民去了太陽系外。

　　哆啦 A 夢製造出的微小火星人還算不上離奇，最為離奇的是被記載在著名科幻作家查羽龍先生《地獄之火》中的火星人。據這本小說記載，在遙遠的年代，紅星球上曠日持久

的世界大戰終於結束，在摩羅山谷的軍方科研基地中封閉多年的核能武器研究員駱清風回到家鄉，卻意外發現曾是敵軍核能武器基地的布倫格爾山區出現了超強濃度的核洩漏。原來，不甘覆滅的敵軍為了不讓聯盟繳獲布倫格爾山區裡的大量核能原料，在潰退之前，他們將基地中所存的全部核能原料就地傾倒。

布倫格爾山谷中岩層構造特異，敵軍的這個做法，無異於在巨大的山腹中裝填了一枚威力無窮的氫彈。在經過數千年科技文明發展的紅星球上，核能已成為不可缺少的重要資源，紅星球的地層深處，布滿了密如蛛網的全球能源配送管線。一旦布倫格爾山區的核能原料洩漏引發爆炸，定會使得密布全球的輕核高能原料產生劇烈的鏈式反應，形成席捲紅星球每一寸土地的核破壞。

聯盟星際戰略署獲知這個緊急情況後，決定啟動兩項緊急應對方案，首要一點就是派遣聯盟最優秀的工程師夏華率領一支敢死隊，設法潛入布倫格爾山谷腹地，想盡一切辦法，阻止核能原料的繼續堆集。而另一路則由天才設計師挪亞負責，重啟因戰爭而擱置的移民計畫，加速調試紅星球最大的太空船——「方舟號」，以便在核爆炸無法避免的一刻，將盡可能多的菁英人士救離紅星球。

紅星球太空署早年間曾在太陽系中重點開發過那顆與之形態相近的藍星球，甚至曾依靠科技的力量引導一顆彗星撞

擊藍星球，將其地軸修正，並產生出更加利於人類居住的環境，「方舟號」的目的地，就是已成為人類樂園的藍星球。

由於戰爭引發的一系列問題，夏華率領的敢死隊在遭遇不少困難後，雖然以生命為代價成功延遲了布倫格爾山區的核爆炸時間，但最終依然無法避免爆炸的發生。布倫格爾山在爆炸中被送入太空，碎裂成紅星球的兩顆衛星。與此同時，核爆炸耗盡了紅星球上所有的水分，也耗盡了人們存活的所有生命源泉，唯有「方舟號」上的幾千菁英，搶在爆炸之前騰空飛離，向著藍星球 —— 那個新的家園艱難前進，他們也許將成為藍星球上新一輪文明的祖先……

雖然小說中並未點明，但透過作者的細膩描寫，我們不難猜到，紅星球就是火星，而藍星球就是我們的地球。《地獄之火》的不凡之處在於它提出了一個非常獨特的觀點，從而為人們解釋了火星因何失去了大部分磁場，火星的兩個衛星從何而來，地球為什麼有那麼大、那麼胖的一顆衛星等一系列科學史上的重大問題，同時還說明了在進化歷程中，古猿和人類之間為何缺失了一個環節。如果《地獄之火》中描寫的一切確實發生過，那麼這部作品中的火星人，理應獲得「對地球人最佳貢獻獎」。然而，從另一方面衡量，我們悲哀地發現：早在許多許多年以前，地球就已被火星人占領了 —— 我們竟然是火星人的後代！

自從周星馳在他的代表作《少林足球》中對打扮怪異的

女主角阿梅說出「你快點回火星吧，地球是很危險的！」這句名言後，「火星」一詞遂被年輕人用來形容不同尋常的怪異事物。這或許能夠解釋，為什麼在本應平淡的日常生活中，我們經常會遇到一些怪異的人、怪異的事 —— 我們是火星人的後裔嘛。

雖然迄今為止我們並未發現半個火星人，但「火星文」卻迅速傳播開來，為人熟知。據考證，「火星文」起源於臺灣。隨著網路的發展，一些網路使用者最初為了打字方便，用注音文替代一些常用文字在網路上交流，達到了快速打字兼可理解內容的效果。網路的發展為「火星文」的快速推廣發揮了推波助瀾的作用，網路也因而成了「火星文」發展的「創業實驗田」。「火星文」主要由漢字中的生僻字、異體字、繁體字以及韓文、日文、符號組成，有時還夾雜著外來語和方言。有關人士表示，使用這種所謂的「火星文」實際是人們語文能力低下的表現，它的出現會導致大量使用這種「語言」的人越來越不會說中文。

那麼，火星人真的存在嗎？這個問題從斯基亞帕雷利的時代一直延續至今。1976 年，美國國家航空暨太空總署（National Aeronautics and Space Administration，NASA）發射了「海盜 1 號」火星探測器。該探測器傳回的照片中，火星地表上的一塊石頭看起來好像一張巨大的人臉。有人因此宣稱，這張「火星上的臉」表明了那裡曾經存在著高度發達的

文明，這塊石頭附近的另外一些石頭也被說成了「金字塔」和「城市」。這張照片不僅長久占據了報紙、雜誌和廣播電視，後來還被好萊塢搬上了銀幕。不過，1998 年科學家們操縱新的「火星環球勘探者」探測器為「人臉」地區拍攝了一張新照片，在新的照片中根本辨認不出「人臉」。

關於火星人是否存在的爭論遠沒有結束。美國太空總署的「勇氣號」火星探測器發回一系列火星表面的照片，有位天文愛好者竟在其中一張照片上發現一個類似女性外形的「火星人」。一位網友對此評論道：「人類的眼睛非常容易被欺騙。」

也許我們人類永遠也無法發現火星人，但回顧「火星人」給我們留下的這許多話題，以及眾多的文藝作品，我們應該感到欣慰 —— 儘管人類尚未登上火星，卻已創造出了繽紛的火星文化。

假如有一天有人問你：「火星人都去哪裡了？」你可以淡定地回答：「哦，很早以前，他們都變成地球人了。」

而在遙遠的未來，我們的後代子孫可以去火星定居的時候，也許有人會問：「地球人都去哪裡了？」他們的回答是：「都變成火星人了。」

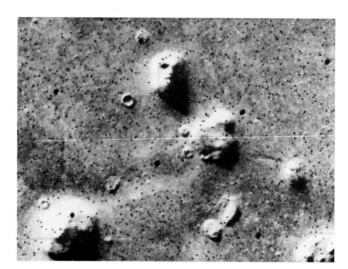

火星上的「人臉」

火星「女人」

雷電錘的犧牲品

這是一個久經流傳的古希臘傳說：太陽神海利歐斯（Helios）與海洋女神克呂墨涅（Clymene）生有一對兒女，兒子名叫法厄同（Phaëthon），女兒名叫赫利阿得斯（Heliades），兄妹倆住在人間。海利歐斯負責太陽的運行，不能經常到人間看望兩個孩子，但是他非常疼愛這對兒女，尤其是兒子法厄同，幾乎是有求必應。

有一天，法厄同突然來到了太陽神的宮殿，要找父親談話。他邁進大殿，看到宮殿內的威武儀仗，感到萬分震撼。太陽神對法厄同的到來感到又驚奇又高興，親切地問他來此有什麼事。法厄同對父親說：「尊敬的父親，因為大地上有人嘲笑我，謾罵我的母親克呂墨涅。他們說我自稱是天國的子孫，還說我是雜種，說我父親是不知姓名的野男人。所以我來請求父親給我一些憑證，讓我向全世界證明我的確是您的兒子。」

海利歐斯收斂了圍繞頭顱的萬丈光芒，吩咐年輕的兒子走近一步，然後擁抱著他說：「不管在什麼地方，我永遠也不會否認你是我的兒子。為了消除你的懷疑，我可以送你一件禮物。我指著冥河發誓，無論你想要什麼，我一定滿足你的願望。」

冥河，又叫宣誓河。在傳說中，不管是誰，只要指著冥河發誓就必須遵守誓言，即使是神祇也不能違背。法厄同興奮地說：「那麼請您首先滿足我夢寐以求的願望吧，讓我有一天時間獨自駕駛您的那輛帶翼的太陽車！」

這個要求使海利歐斯感到十分驚恐。他露出後悔的神色，搖著頭說：「孩子，你最好另提一個要求吧。」

可是法厄同堅持最初的要求，不肯改變主意。海利歐斯嘆著氣說：「如果我能收回誓言該多好啊。」接著他向法厄同解釋道：「你的要求遠遠超出了你的力量。你還年輕，而且又是人類！到目前為止還沒有一個神敢像你一樣提出如此狂妄的要求，因為他們知道，除了我以外，他們中間還沒有一個人能夠站在噴射火焰的車軸上駕駛它。我的車必須經過陡峻的路，即使在早晨，馬匹精力充沛時，拉車行路也很艱難。旅程的中點是在高高的天上，當我站在車上到達天之絕頂時，也感到頭暈目眩，只要我俯視下面，看到遼闊的大地和海洋在我的眼前無邊無際地展開，便嚇得雙腿都發顫。過了中點以後，道路又急轉直下，需要牢牢地抓住韁繩，小心地駕駛。甚至在下面高興地等待我的海洋女神也常常擔心，怕我一不注意從天上掉入萬丈海底。你只要想像一下，天在不斷地旋轉，而我必須竭力保持平行，便可知了。因此，即使我把車借給你，你又如何能駕馭它？」

聽父親這麼一說，法厄同感到很不服氣，固執地說他只想駕駛太陽車。海利歐斯苦口婆心地勸道：「我可愛的兒子，趁現在還來得及，放棄你的願望吧。你可以重提一個要求，從天地間的一切財富中挑選一樣。我指著冥河起過誓，你要什麼就能得到什麼！」

　　這番勸慰法厄同全都沒有聽進去。由於太陽神已立過神聖的誓言，不能違約，他不得不拉著兒子的手，把他帶到太陽車旁。豪華精美的太陽車使法厄同驚嘆不已。

　　天已破曉，星星一顆顆隱沒，新月的彎角也消失在西方的天邊。眾女神從豪華的馬槽旁把噴吐火焰的馬匹牽了出來，忙碌地套上漂亮的彎具，餵飽了可以長生不老的飼料。海利歐斯用聖膏塗抹兒子的面頰，使他可以抵禦熊熊燃燒的火焰。他把光芒萬丈的太陽帽戴到兒子的頭上，不斷嘆息地警告兒子說：「孩子，千萬不要使用鞭子，要緊緊抓住韁繩。馬兒會自己飛奔，你要控制牠們，使牠們跑慢些。你不能過分地彎下腰去，否則地面會升起騰騰烈焰，甚至會火光沖天。可是你也不能站得太高，當心別把天空燒焦了。」可是法厄同只顧幻想著自己駕駛太陽車時的威風，根本沒注意聽父親的囑咐。

　　東方露出了一抹朝霞。海利歐斯不放心地做最後一次努力：「上去吧，黎明前的黑暗已經過去，抓住韁繩吧！或者——可愛的兒子，現在還來得及重新考慮一下，拋棄你的

妄想，把車子交給我，讓我把光明送給大地，而你留在這裡看著吧！」

法厄同好像沒有聽見父親的話，「嗖」的一聲跳上車子，興沖沖地抓住韁繩，朝著憂心忡忡的父親點點頭，就駕車奔向天堂的門口。

女神泰西斯（Tethys）打開天堂的大門，看著太陽車馳過。她是克呂墨涅的母親，法厄同的外祖母，可她並不知道，今天駕駛馬車的並不是太陽神，而是她的外孫。

太陽車飛速向前，奮勇衝破了拂曉的霧靄。四匹馬灼熱的呼吸在空中噴出火花。牠們似乎感覺到今天駕馭牠們的是另外一個人，因為套在頸間的彎具比平日裡輕了許多。太陽車在空中顛簸搖晃，如同一艘載重過輕、在大海中搖盪的船隻。不久，四匹帶翼的馬覺察到情況異常，離開了平日的故道，任性地奔馳起來。

法厄同顛上顛下，感到一陣戰慄。他找不到原來的道路，更沒有辦法控制肆意馳騁的馬匹。當他偶爾朝下張望時，看見一望無際的大地展現在眼前，他緊張得臉色發白，雙膝也因恐懼顫抖起來。驚慌之餘，他不由自主地鬆掉了手中的韁繩。馬匹拉動太陽車越過了天空的最高點，開始往下滑行。四匹馬漫無邊際地在陌生的天空中亂跑，牠們掠過雲層，雲彩被烤得直冒白煙。

此時，下面的大地也受盡炙烤，因灼熱而龜裂。田裡幾

乎冒出了火花，草原乾枯，森林燃起了大火，又蔓延到廣闊的平原。莊稼全被燒焦，耕地成了一片沙漠，無數城市冒著濃煙，農村燒成灰燼。山丘和樹林烈焰騰騰，河川都乾涸了，大海也在急劇地凝縮，人們更是被烤得焦頭爛額。

法厄同看到世界各地都在冒火，熱浪滾滾，他自己也感到炎熱難忍。他的每一次呼吸都好像是從滾熱的大煙囪裡冒出來似的。他感到腳下的車子好像一座燃燒的火爐，濃煙、熱氣把他包圍住了，從地面爆裂開來的灰石從四面八方朝他襲來。最後他支撐不住了，馬和車完全失去了控制。

大神宙斯看到天地間一片混亂，為了制止這場災難，他只好舉起了手中的雷電錘，向法厄同擊出一道閃電。法厄同一頭撲倒，從豪華的太陽車裡跌落，如同燃燒著的一團火球，在空中激旋而下。他的屍體被燒得殘缺不全，四處散落，最終跌落在埃利達努斯河中。

海利歐斯目睹了這悲慘的情景，他抱住頭，陷入深深的悲痛之中。

水泉女神那伊阿得斯（Naiad）懷著同情之心埋葬了這位遇難的年輕人。絕望的母親克呂墨涅與她的女兒赫利阿得斯抱頭痛哭，她們一連哭了四個月，最後溫柔的妹妹變成了白楊樹，眼淚成了晶瑩的琥珀。

法厄同的這個傳說，形成時間非常早。在流傳過程中，又經古希臘本地和國外的文學家或考古學家修改、加工，故

事裡的一些細節有所改變。在德國著名浪漫主義詩人施瓦布（Gustav Schwab）編纂的古希臘神話裡，法厄同被寫作是阿波羅（Apollō）的兒子。

在天文學界，提起法厄同這個名字，通常會聯想到火星與木星之間的小行星帶。

在太陽系內，介於火星和木星軌道之間，有個小行星密集的區域，98.5% 的小行星都在此處被發現。這個區域聚集了大約 50 萬顆小行星，因此被稱為小行星帶。它距離太陽約 2.17 ～ 3.64 天文單位（1 天文單位 =149,597,900,000 公尺）。

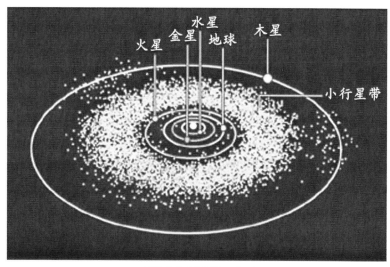

太陽系小行星帶示意圖

說起小行星帶，就不能不提一下「提丟斯 —— 波德定律」（Titius-Bode law）。「提丟斯—波德定律」簡稱「波得

定律」，是從前天文學界廣泛使用過的一個經驗公式，用以表示太陽系內的行星軌道。這個定則是由提丟斯首先提出來的。

提丟斯（Johann Titius）是德國的一位數學教師，在教學過程中，他為了讓學生便於記住各行星到太陽的距離，想透過不斷拼湊數字來建立一個簡單的算術關係。1766 年，他發現了這樣一個情況——

首先，列出一串數字：3，6，12，24，48，96，每個數字是前面一個數字的 2 倍，在這些數字前面加上數字 0，再將每一個數字都加上 4，然後各除以 10，結果就變成了這樣：

0.4，0.7，1.0，1.6，2.8，5.2，10.0

除了 2.8 以外，其他的數字可以各自對應太陽系內當時已發現的大行星與太陽之間的距離：

水星：0.39 天文單位

金星：0.73 天文單位

地球：1.00 天文單位

火星：1.52 天文單位

木星：5.20 天文單位

土星：9.54 天文單位

提丟斯本人並未公布這項發現。1772 年，年輕的天文學家波德（Johann Bode）重新介紹了這個數列，並將其總結為一個公式，人們這才注意到它，並稱其為「提丟斯—波德定

律」。這個定則發布出來不久，赫雪爾（Frederick Herschel）發現了天王星。根據「提丟斯—波德定律」來估算，天王星與太陽間的距離為 19.6 天文單位，與天王星到太陽間的真實距離 19.2 天文單位相差無幾。於是，許多天文學家相信「提丟斯—波德定律」是十分靈驗的，更有一些人認為，在距離太陽 2.8 天文單位處，一定還有一顆未被發現的大行星。為此，波德組織了 24 位德國天文學家打算徹底巡查星空，找出這顆未被發現的行星。然而，就在這時，傳來了一個令人意外的消息：義大利天文學家皮亞齊（Giuseppe Piazzi）在距離太陽 2.77 天文單位處發現了一顆新的行星。他以羅馬神話中大地女神刻瑞斯（Ceres）的名字為其命名，這位女神同時還掌管穀物和耕作，自此這顆新發現的行星又被稱為「穀神星」。

有人質疑穀神星太小，與已發現的數顆大行星無法相比，因而將其命名為「小行星」。幾年之間，又有三顆小天體被相繼發現，並分別被命名為智神星（Pallas）、灶神星（4 Vesta）和婚神星（3 Juno）。從 1801 年至今，至少有數千顆小行星在這個區域被發現，這個數字仍以每年幾百顆的速度在成長。

智神星和灶神星的發現者海因里希・歐伯斯（Heinrich Olbers）認為，在同一空間區域連續發現數顆小行星，而且這幾顆小行星的軌道資料很相似，這件事絕非偶然。他對此提出了一種大膽的猜測：在距離太陽 2.8 天文單位處曾經有過

一顆大行星，但它後來爆炸了，其爆炸後產生的碎片，就是目前發現的這些小行星。同時，歐伯斯還斷言，這個空間區域內不只有這幾顆小行星，而應該有一大批。他還指出，如果這些小行星真是因大行星爆炸而形成的，它們的軌道都應該與當初的爆炸點相交，任何一顆這樣的小行星總會在某一時刻通過爆炸點，盯住這個爆炸點去尋找小行星，把握相對較大。歐伯斯的這個說法，就是著名的「爆炸說」。

在歐伯斯爆炸說的基礎上，蘇聯天文學家薩伐利斯基提出了一種頗具震撼力的說法：在距離太陽 2.8 天文單位處曾經有過一顆大行星，並稱這顆假想中的行星為「法厄同」。和神話傳說中的太陽神之子一樣，它是被「宙斯的雷電錘」擊中，從而碎裂的。據薩伐利斯基估算，它原來的直徑有6,000 公里，質量是地球的 1/15，比火星略小，內部結構從外往裡分為 5 層，分別是玄武岩殼層、結晶狀橄欖石岩層、玻璃質橄欖石岩層、鐵矽包殼層和鐵鎳核心，這是從隕石分析中推測出來的。

那麼，「宙斯發出的雷電」到底是什麼呢？或許是另外一顆行星，又或許是一顆彗星。薩伐利斯基認為，「法厄同」在碎裂時引起大火，但堅硬的玄武岩外殼沒有熔化，只是碎裂成許許多多大小不一、稜角畢露的碎塊。後來果然發現不少較小的天體，形狀都極不規則。在小行星帶發現的一些事實，對薩伐利斯基提出的「碰撞說」十分有利。

美籍荷蘭天文學家傑拉德‧古柏（Gerard Kuiper）的說法與歐伯斯略有不同。古柏認為，小行星是由 5～10 顆原行星碰撞碎裂而成的。火星與木星軌道之間的區域裡，物質密度之所以特別小，是由於木星的掠奪造成的，在那裡沒有形成大行星的可能，只能形成一些小行星。他對小行星進行統計，發現小行星的數目與半徑的關係大致符合由碰撞形成碎片的經驗公式。小行星相互碰撞，形成更小的行星和大量流星體，它們形狀不一、成分各異。而觀測所見的較大的小行星，是沒經碰撞，反而累積長大的天體。古柏的這個說法也贏得了不少人的支持。

還有一種說法認為，小行星帶是由「退役」的彗星組成的。彗星每次經過近日點的時候，組成彗星的冰都會因揮發而損失一部分，久而久之，當彗星失去所有可揮發物質時，就變成了小行星。在過去的幾十億年裡，一大批這樣的彗星蛻變為小行星，徘徊於火星和木星之間，形成了今天的小行星帶。

然而，現在研究認為，這個區域從一開始就未能形成一顆真正的大行星。小行星帶由原始太陽星雲中的一群星子形成。星子比行星要微小得多，是行星的前身。因為木星重力的影響，阻礙了這些星子形成行星，造成許多星子相互碰撞，並形成許多殘骸和碎片，最終構成了現在的小行星帶。在著名天文學家戴文賽晚年提出的關於太陽系起源的「新星

雲說」中，對這個觀點闡述得十分詳細。

如果「新星雲說」是正確的，那麼我們就可以得出這樣的結論：法厄同確實是由於被宙斯發出的雷電擊成碎片的 —— 「宙斯的雷電錘」就是木星的引力 [3] —— 自然之謎的答案竟然隱藏在神話傳說中，這不能不說是一個令人驚訝的巧合。

其實大質量天體的引力還會妨礙行星的產生，近年來的天文研究顯示，受銀河系中心巨大黑洞引力的影響，銀河系中心地帶新生成的恆星比預計的少了許多，這直接導致銀河系在最近一段時期亮度比過去下降了不少。

從「破碎的法厄同」到「碰撞的星子」，天文學家們不斷根據新的發現修改著科學理論。所有的科學假說和理論必須接受觀測實踐的不斷檢驗，人類就是這樣探索自然，並修正著對自然界的認識的。

雖然小行星帶的形成之謎至今未能破解。但越來越多的天文學家認為，小行星記載著太陽系行星形成初期的訊息。因此，小行星的起源是研究太陽系起源問題中重要的不可分割的一環。

---

[3]　木星在國際天文學界被稱作「朱比特」（Jupiter），朱比特是其羅馬名字，在古希臘傳說中，其名字是宙斯。

伽利略排名第二

在古希臘神話傳說中，大力士海克力斯（Heracles）是眾神之王宙斯與凡人女子所生的兒子，擁有一半神的血統。他在人間行俠仗義，剷除怪物，立下了不朽的功勳。為了表彰他的功績，眾神一致同意將他迎上奧林匹斯山，並將他在天上的星座稱為「武仙座」。

宙斯為自己的這個英雄兒子感到驕傲，於是將青春女神赫柏公主（Hebe）許給他為妻。根據當時古希臘的風俗，父親宴請客人的時候，由未出嫁的女兒在宴席上給客人斟酒。赫柏成了海克力斯的妻子以後，就不能再承擔為客人斟酒的任務了，眾神的酒宴上就沒有了斟酒的侍者。宙斯為了彌補這個欠缺，決定找個人來頂替赫柏公主的位置。

特洛伊城的王子蓋尼米德（Ganymede）天生英俊過人，深受大家喜愛。宙斯在巡遊人間的時候，一眼就看中了這個俊美的少年，認為他是替代赫柏的合適人選。於是，眾神之王化作一隻雄鷹，來到正在牧羊的王子面前，騙得蓋尼米德騎上鷹背，將他帶往天界。從此之後，蓋尼米德就留在奧林匹斯山，成了為眾神斟酒的侍者。後來，宙斯為了紀念蓋尼米德，就把他經常用的那個玉瓶化作一個星座，這就是「寶瓶座」。

寶瓶座的群星組成的是一個提著酒罐的美少年的形象，

但這個星座本身並不叫「蓋尼米德」。在天文學上,「蓋尼米德」通常指的是木星的第三顆衛星,即木衛三。在中文的科普書中,多採用其英文譯音,即「蓋尼米德」。

木星是太陽系由內向外數的第五顆行星,也是太陽系中最大的行星,它擁有數目眾多的衛星,這些衛星與木星共同組成了「木星系」。截至 2012 年 2 月,已被發現的木星衛星達 66 顆。在眾多衛星中,包括木衛三在內的 4 顆最大的衛星被稱作「伽利略衛星」。人們普遍認為,這 4 顆衛星是由伽利略於 1610 年發現的。

伽利略是我們熟知的歷史人物。他全名為伽利略‧伽利萊,1564 年 2 月 15 日出生於義大利西海岸的比薩城,是 16 ～ 17 世紀著名的物理學家、天文學家。他在科學史上為人類做出過巨大貢獻,是近代實驗科學的奠基人之一,被譽為「近代力學之父」和「現代科學之父」,擺針和溫度計都是他的發明。同時,他也是利用望遠鏡觀察天體的第一人。天文望遠鏡也是由伽利略最先創製的。他使用望遠鏡取得了許多重要發現,如月球表面凹凸不平、木星的 4 顆大衛星、太陽黑子、銀河由無數恆星組成,以及金星、水星的盈虧現象等。他的工作,為牛頓的理論體系的建立奠定了基礎。為了紀念他的發現,木星的 4 顆最大的衛星被稱作「伽利略衛星」。

說起「伽利略衛星」的發現,就不能不提一下望遠鏡。

望遠鏡有著「千里眼」的美譽,現代天文研究離不開望

遠鏡。此外，它開闊了人們的視野，在科技、軍事、經濟建設及生活領域中有著廣泛的應用。它最初是由小孩子們在遊戲中的發現「進化」而來的。

17 世紀初，在荷蘭的米德爾堡小城有位名叫利伯希（Hans Lippershey）的眼鏡匠，自己開了一家店鋪，專門為顧客磨透鏡。利伯希當時在產業內十分有名，生意也做得不錯，因此他幾乎整日都在忙碌，為顧客磨鏡片。在他的店鋪裡，各種各樣的透鏡琳琅滿目，供客戶配眼鏡時選用。由於玻璃製造和磨鏡的技術等方面存在的問題，廢棄的鏡片也相當多。利伯希把這些廢鏡片堆放在角落裡。利伯希的三個兒子經常把這些廢鏡片當作玩具。

有一天，孩子們拿著鏡片在陽臺玩耍。最小的男孩兩手各拿一塊鏡片，靠在欄杆上前後比畫著，觀看前方的景物。他把兩塊鏡片疊在一起，讓兩塊鏡片間保持一小段距離，然後透過鏡片去看，驚訝地發現遠處教堂尖頂上的風向標變得又大又近。小男孩驚喜地叫了起來，大聲宣告著他的發現。兩個哥哥跑過來，爭先恐後地奪下弟弟手中的鏡片，照他那樣疊起來觀看。孩子們看到，房上的瓦片、門窗、飛鳥等，都比肉眼看到的大了許多，而且非常清晰，彷彿它們近在眼前。這讓孩子們欣喜若狂。

三個男孩把這個大發現告訴了父親。利伯希對孩子們的敘述感到不可思議，他半信半疑地按照兒子說的那樣試驗，

　　手持一塊凹透鏡放在眼前，把凸透鏡放在前面，手持鏡片輕緩平移距離。當他把兩塊鏡片對準遠處景物時，利伯希驚奇地發現遠處的視物被放大了很多，似乎觸手可及。

　　鄰居們聽說了這件有趣的事，都跑到利伯希的店鋪來，要求借鏡片。觀看後，鄰居們也都感到又驚異又好玩。這件趣事一傳十，十傳百，很快小城的人都聽說了，因而米德爾堡的市民們紛紛來到店鋪，要求一飽眼福。甚至有不少人希望能夠把「可使景物變近」的鏡片買下來，當作「成人玩具」，拿回家去觀賞。買這樣一對鏡片的價格，和一副眼鏡差不多。利伯希的廢鏡片一下子變成了搶手的寶貝，很快賣掉了很多。

　　利伯希是個很精明的生意人，他立即意識到，專門出售這樣的鏡片，是一椿有利可圖的買賣。為了壟斷這個「賣點」，他向荷蘭國會提出發明專利申請。

　　1608 年 10 月 12 日，國會審議了利伯希的申請專利後給予了回覆。受理申請的官員指著樣品對發明人提出改進要求：能夠同時用兩隻眼睛進行觀看；「玩具」是大類，申請專利的這個玩具應有具體的名稱……

　　利伯希很快照辦了。他在一個一個套筒上裝上鏡片，並把兩個套筒聯結起來，滿足了人們用雙眼同時觀看的要求，又經過冥思苦想給這個玩具取名為「窺視鏡」。這一年的 12 月 5 日，經改進後的雙筒「窺視鏡」發明專利獲得政府批

准，國會發給他一筆獎金以示鼓勵。

1609 年 6 月，一位朋友寫信給伽利略，向他講述了荷蘭眼鏡商利伯希製造出「窺視鏡」的事，並說利用鏡片的組合可以看清楚遠處的景物。當時伽利略正在威尼斯，得知這個消息後，立即意識到「窺視鏡」在天文學上可開發出更大的利用價值。為此，伽利略馬上返回帕多瓦，集中精力研究光學和透鏡。他反覆實驗，親自動手將鏡片安裝在銅筒的兩端，為方便觀測，安裝了鏡片的銅筒被安裝在固定架上。「窺視鏡」由此進化為「望遠鏡」。最初，伽利略製造的望遠鏡只能放大 3 倍。他並不滿足於這個成就，在此基礎上不斷地摸索改進，最終將望遠鏡的功能提高到放大 9 倍。這個望遠鏡製作出來以後，伽利略邀請威尼斯參議員到塔樓頂層，使用望遠鏡觀看遠景。

在一封寫給妹夫的信裡，伽利略寫道：「我製成望遠鏡的消息傳到威尼斯。一星期之後，就命我把望遠鏡呈獻給議長和議員們觀看，他們感到非常驚奇。紳士和議員們，雖然年紀很大了，但都按次序登上威尼斯的最高鐘樓，眺望遠在港外的船隻，看得都很清楚；如果沒有我的望遠鏡，就是眺望兩個小時，也看不見。這儀器的效用可使 50 英里以外的物體，看起來就像在 5 英里以內那樣。」[4]

使用伽利略的望遠鏡來觀看景物的人無不驚喜萬分。參

---

[4]　1 英里 = 1.609 344 公里。

議院隨後決定，任命伽利略為帕多瓦大學的終身教授。1610年初，伽利略又將望遠鏡放大率提高到 33 倍，用來觀察日月星辰。這臺望遠鏡能把實物的像放大 1,000 倍。世界上第一臺真正意義上的天文望遠鏡終於問世了。

從 1609 年末到 1610 年初，伽利略在佛羅倫斯用這臺劃時代的天文儀器進行天體觀測，取得了一系列成就，開闢了天文學的新天地。為把天象觀察結果公之於眾，伽利略於 1610 年 3 月在威尼斯出版了《星際信使》(*Sidereus Nuncius*) 一書。

在《星際信使》這本書裡，伽利略寫道：「10 個月以前，獲悉某一位佛拉蒙人（荷蘭文：Vlamingen，英文：Flemish people）製造成一種遠景鏡，利用它可使遠離雙目的有形物體變得清楚可辨，彷彿近在眼前。製作這種放大儀器的消息傳開後，一些人相信，一些人不承認。過了幾天，法國貴族雅可布·巴爾多韋雷從巴黎來信向我證實了這件事情。這個消息使我也想製造同樣的儀器，為此，我著手研究這種儀器的原理並考察製造的環境。自此以後，我依據折射理論很快掌握住要點，開始製造鉛質鏡筒，在鏡筒兩端安裝兩塊光學鏡片。兩個鏡片一面是平坦的，另一面則一片是凸的，另一片是凹的。把眼睛朝凹鏡片看去，我看到的物體比雙眼直接看到的彷彿近 3 倍，大 10 倍。此後我把鏡筒做得更精密，透過它看到的物體，可放大到 60 倍。後來，我不吝惜勞力和材

料精益求精，把我製成的儀器完善到透過它去看實物，它們比自然地看到的實物好像差不多大到 1,000 倍，近到 30 倍。這種儀器無論用在陸上也好，或使用在海上也好，都十分方便，把方便之處逐一列舉實在大可不必。在探討過地上的問題後，我要開始探討天上的問題。」[5]

《星際信使》有多種譯本，書名也常被翻譯為《星際使者》、《星空信使》等。此書揭示了伽利略使用望遠鏡巡天幾個月來的諸多重大發現，震撼了整個歐洲。在此之後發現的金星盈虧與大小變化，更是對地動說強而有力的支持。

天文望遠鏡的產生，是天文學研究中具有劃時代意義的一次革命，幾千年來天文學家單靠肉眼觀察日月星辰的時代結束了，代之而起的是光學望遠鏡，有了這種有力的武器，近代天文學的大門被打開了。而天文望遠鏡的發展並未就此止步。不久，德國天文學家約翰尼斯・克卜勒（Johannes Kepler）也製造出一臺新的望遠鏡，它的物鏡和目鏡都是用凸透鏡組成，前端透鏡為物鏡，用來收集光線，後面的透鏡為目鏡則再次將景物放大。因此這臺天文望遠鏡觀察到的景物是倒立的，他發明的這臺望遠望被稱為「克卜勒望遠鏡」。

克卜勒用新的望遠鏡觀測天象，將丹麥天文學家第谷・布拉厄（Tycho Brahe）觀測到的 777 顆恆星擴展為 1,005 顆，並於 1627 年編製、出版了《魯道夫星曆表》（*Rudolphine*

---

[5]　本段文字為伽利略先生的原文直譯。

Tables），因精確度高被視為標準星表。在整理恩師第谷遺留下的長達 30 年的天文觀測資料時，克卜勒發現了行星運動的三大定律，後人讚頌他是「宇宙的立法者」，並評論說：「天文望遠鏡打開了宇宙的大門，伽利略發現了新宇宙，克卜勒則為星空制定了法律。」

木衛二「歐羅巴」照片

現在天文界一般認為，木星的 4 顆衛星是伽利略在 1610 年首次觀測到的。1610 年 1 月 11 日，伽利略先發現了 3 顆靠近木星的星體，第二天晚上他再次觀測它們時，發現這 3 顆星體移動了位置。接著，他又發現了第 4 顆星體，這就是後來的木衛三。到了 15 日晚上，他確定這 4 顆星體都是圍繞著木星運轉的。作為發現者，他聲稱他擁有為這 4 顆星體命名的權利。最終，他給它們起名為「麥地奇衛星」（Medicean stars）。在此之後，數位天文學家提出了各種命名方案，都未被採用。最後，天文學家西門·馬里烏斯（Simon Marius）建議，用宙斯所鍾愛的特洛伊少年蓋尼米德的名字來命名木衛三，爭論才漸漸停息。不過，這種命名法也在相當長的一段時間內未被普遍接受。在早期天文學文獻中，木星的衛星都以羅馬數字表示，這個體系也是由伽利略提出的。直到 20 世紀中期，木衛三的名字「蓋尼米德」才被確定下來。當時太陽系內已發現的各大行星都以羅馬神話中諸神的名字命名，木星名為眾神之王「朱比特」，它的衛星均以朱比特情人的名字來命名，例如，木衛一名為「伊娥」（Io），曾被朱比特變為母牛的女孩；木衛二名為「歐羅巴」（Europa），傳說朱比特將她從亞洲拐到歐洲，並把歐洲大陸賜給了她，還將此大陸以她的名字來命名。在木星所有的衛星中，木衛三是唯一一顆以男人的名字來命名的星體。

在國外一些新近的出版物中，木星的 4 顆衛星發現者的名字已改為伽利略和梅耶爾。因為此前有人考證過，梅耶爾比伽利略早 10 天發現了這 4 顆木星衛星。然而，現在這個說法也遭到了質疑。2008 年 6 月 28 日晚 7 點在中央電視臺少兒頻道首播的歷史動畫片《龍脈傳奇》中提到，木衛三是由天文學家甘德最先發現的。

甘德，戰國時期楚國人（也有說是齊國人），生卒年不詳，大約生活於西元前 4 世紀中期，為先秦時期著名的天文

學家。他與戰國時期魏國人石申各自寫了一部天文學著作，後人把這兩部著作結合起來，統稱為《甘石星經》。

《甘石星經》是世界上現存最早的天文學著作。雖然，這部著作的內容多已失傳，僅有部分文字被《大唐開元占經》等典籍引錄，但從引錄的文字中仍可以窺知甘德在恆星的命名、行星的觀測與研究等方面有很大的貢獻。

甘德對木星的觀測尤為精細，是研究木星的專家，著有關於木星的專著《歲星經》。《大唐開元占經》第二十三卷中引錄：「單閼之歲，攝提格在卯，歲星在子，與須女、虛、危晨出夕入，其狀甚大有光，若有小赤星附於其側，是謂同盟。」據吳智仁先生的解釋：「『同盟』是春秋戰國時期常用的一個詞語，單《左傳》中就有二十幾處，意為兩國或數國為共同目的而結合在一起。這裡的『同盟』，意指小行星和木星組成一個系統。」顯然，甘德的意思是他所看到的「小赤星」與木星共同構成了一個體系，這與現代天文學所說的「木星系」是同一概念。

吳先生在文章中還提到：根據目前觀測的資料，木衛一和木衛三呈橙黃色，木衛二和木衛四呈紅黃色，古時的「赤」是指淺紅色，所以甘德的這段話表明，他已發現木星有淺紅色的小衛星。席澤宗院士分析，在木星沖日時，木衛一至木衛四的平均視星等（觀測者用肉眼所看到的星體亮度）在 4.6 ～ 5.6 等，而人眼所能看到的極限視星等是 6 等，所

以用肉眼應該可以看到這 4 顆最大的木星衛星。

為了驗證「中國人最早發現木衛三」這個說法，中國科學院自然科學史研究所劉金沂進行了目視觀測木星衛星實驗，關於這個實驗的介紹發表在 1980 年第 7 期《自然雜誌》上。中國科學院北京天文臺楊正宗、蔣世仰、郝象梁等人為了排除觀測者心理、生理因素的影響，採用照相方法來模擬人眼觀測木星衛星。實驗證實，在良好的條件下，人眼是能觀測到木衛三的。由此認為，甘德的記載應該是真實的。

根據《大唐開元占經》中記載的甘德所見到的木星的位置，席澤宗院士運用中外資料進行推算，認為甘德發現木衛三是在西元前 400 年至 360 年之間，最可能的年份是西元前 364 年夏天，比伽利略早了約 2,000 年。如果這個說法能夠得到國際公認，那麼在木星衛星的發現上，伽利略老先生就只能排第二了。

然而，是否排名第二，並不影響伽利略所取得的成就和獲得的榮譽。他和每位科學家一樣，堅持不懈地追趕著前人書寫的傳奇，而到最後，他自己也成了後世的傳奇。

郊外流行戴草帽

　　某天，探險家衛斯理去探望他的一位集郵狂朋友。在駕車前往朋友家的途中，為躲避一隻突然躥出的癩皮狗，衛斯理的車與橫向駛來的一輛大房車相撞，路邊的郵筒被撞成了兩截。衛斯理在圍觀民眾協助下報了警。

　　在等待處理交通事故期間，衛斯理去附近雜貨鋪打電話通知朋友他無法赴約時，正好碰見幾名頑童將信從被撞壞的郵筒裡揀出來，撕去了信上的郵票。一名頑童怕被衛斯理責罰，將撕過的信扔在他腳下跑了。衛斯理發現，這是一封很厚的牛皮紙信件，信封裡似乎有一枚很沉的鑰匙，而收信人的部分位址在頑童撕郵票時被撕掉了。

　　衛斯理覺得，信封的損毀自己有一部分責任。於是，在處理完交通事故後，他找到寄信人的住址，要求見一見寄信人米倫太太。開門的墨西哥女孩姬娜·馬天奴告訴他，米倫太太早在半年前就去世了，臨終前委託她寄出這封信。由於姬娜一時忘記了，直到半年後才將信寄出。二人交談之際，姬娜的母親基度太太從廚房走出來。當得知衛斯理的來意後，基度太太態度惡劣地下了逐客令。衛斯理正欲離開，卻瞥見基度太太手上戴著一枚極品紅寶石戒指，這與她破舊的衣著以及簡陋的生活環境很不相稱。他認為此事或有隱情，因此決定弄清基度太太的來歷和紅寶石戒指的由來。

　　衛斯理知道墨西哥人對死人十分尊敬，遂以「實現米倫太太的遺願」為由，要求看一看米倫太太的遺物。基度太太出於對死人的敬畏，答應了他的請求。米倫太太的遺物只有一隻刻工精緻的暗紅色木箱和一尊造型古怪的雕像。那枚紅寶石戒指原本也屬於米倫太太，只是在她臨終前將其贈給了基度太太。衛斯理在木箱中發現了一疊色彩繽紛的織錦及一些刻有浮雕的圓形銅片。他判斷這些銅片屬於古代文物，於是趁基度太太不備，悄悄拿走了一枚。

　　衛斯理將銅片交給古董俱樂部。在場的古文物學者們絕大多數都不認為這塊銅片是古董，只有貝教授略知它的來歷。貝教授推斷，銅片上刻的浮雕可能是一種文字，與墨西哥新發現的古文明石碑上的文字同源，而這塊銅片或許可算世界上最早的貨幣。他要求衛斯理將米倫太太的信件打開。但衛斯理極端厭惡擅自拆閱他人的信件，拒絕了貝教授的要求。古董俱樂部為推進古文明研究，委託衛斯理收購米倫太太的遺物。

　　衛斯理再次來到基度家，卻被基度太太的丈夫基度・馬天奴趕出家門。姬娜主動找衛斯理道歉，並告訴他米倫太太是個風華絕代的美女，基度・馬天奴一直暗戀著她。

　　衛斯理感到基度・馬天奴的態度非常可疑。基度・馬天奴本是墨西哥的一位火山觀察員，10 年前移居香港。根據僑民管理處的紀錄，衛斯理找到了米倫太太那封信上收件人

的完整地址。同時，他懷疑米倫太太是被基度‧馬天奴謀殺的。當天晚上，衛斯理假扮海員，向喝醉的基度‧馬天奴打聽米倫太太的情況，卻不得要領。第二天，他接到姬娜的電話，得知基度‧馬天奴因傷心過度已跳海自殺。

衛斯理因基度‧馬天奴的死而深感內疚，協助基度太太轉讓了米倫太太的遺物，並應允姬娜陪同她們母女同去墨西哥 —— 他決定親自把米倫太太的信交到住在墨西哥的收信人尊埃牧師手裡。

出發的前一天，衛斯理又一次來到基度太太家，卻被蘇聯特務當作間諜，綁架至潛水艇內。在那裡，他意外地見到了未死的米倫太太。原來，那日米倫太太求基度‧馬天奴幫她自殺，基度‧馬天奴卻沒有按照她的要求做，而是將她放入一隻小船裡，在海上漂流。後來米倫太太被誤認為間諜，囚禁在潛水艇中。衛斯理成功地擺脫了特務們的糾纏，帶著米倫太太逃出潛水艇。逃亡中他們乘坐的小艇失事，衛斯理被漁船救起，米倫太太卻葬身大海。

為了弄清米倫太太的來歷，衛斯理不遠萬里趕赴墨西哥。到了信上所寫的教堂，他才知道尊埃牧師也已經去世。衛斯理在牧師的墳前讀出了信件內容，並按照信中的線索，找到了那座名為「難測的女人」的火山。衛斯理進入火山，發現火山口內有一扇奇門。他用米倫太太放在信封裡的鑰匙打開這扇門後，進入了一艘太空船中，看到了船內保存的米

倫先生的屍體，以及米倫夫婦的太空航行紀錄。憑著圖像裡的土星光環，他認出了太陽系，而米倫夫婦出發時的照片上那碩大的月亮，使他認出了地球。衛斯理極度震驚 —— 米倫夫婦竟然是從地球出發去做宇宙航行的！

衛斯理欲將他在火山口內的發現報告給墨西哥政府，不料他離開火山口不久，這座「難測的女人」就爆發了，太空船也被深埋地下。很久以後，衛斯理與一位朋友談及此事，他的朋友推斷，很可能在我們這一紀人類產生之前，地球上曾有過燦爛的文明，那時的人們已經擁有了可以進行外太空航行的能力，而米倫太太很可能就是上一紀人類中的一員。

《奇門》是香港作家倪匡的科幻名篇，也是「衛斯理系列」中最為精彩的一部，不僅懸念的設置非常出奇，線索鋪陳也做得幾近完美，使人讀來欲罷不能。然而，全書最使人震撼之處，還在於對米倫夫婦太空航行紀錄的描寫，尤其是米倫夫婦在土星上拍攝的照片：「我看到一望無際的平原，而站在近處的，則是米倫先生和米倫太太……在那巨大的平原之上，是一個極大的光環，那光環呈一種異樣的銀灰色」、「……我不必看懂那些字，我也可以知道，這是土星！」讀到這樣的敘述，讀者想必也如文中的衛斯理一樣，「心中產生出一股奇詭之極的感覺」。

土星耀眼的光環是它最為顯著的特徵，也是它在太陽系

「立足」和「出名」的資本。提起土星，許多人會在第一時間聯想到它的光環。

人類最早發現的五顆大行星中，水星最靠近太陽，金星次之，它們圍繞太陽運行的軌道都在地球的軌道以內，因此叫作內行星。火星、木星和土星圍繞太陽運行的軌道都在地球的軌道以外，因此叫外行星。如今外行星的行列中又增加了天王星和海王星。不過，通常大家所說的外行星，指的是木星、土星、天王星和海王星這「兄弟 4 個」。

太陽系內的外行星都有光環，但沒有一顆行星的光環能與土星相媲美。1610 年，伽利略利用天文望遠鏡發現了土星，但他未能辨認出土星的光環，而將其稱為「土星的耳朵」。在寫給托斯卡納大公（Cosimo II de' Medici, Grand Duke of Tuscany）的信上，他說：「土星不是單一的個體，它由三個部分組成，這些部分幾乎都互相接觸著，並且彼此間沒有相對運動，它們的連線與黃道平行，並且中央的部分大約是兩側的三倍大。」1612 年，土星環以側面朝向地球，因此看起來似乎是消失不見了，伽利略因而感到十分困惑，並聯想到古希臘的神話傳說 —— 土星的本名來自第二代大神克洛諾斯，他擔心會被自己的兒子推翻，因此將孩子們吞進了腹內 ——「難道是土星吞掉了它的孩子？」百思不得其解的伽利略滿是疑問。

土星光環

　　荷蘭學者惠更斯（Christiaan Huygens）的運氣比伽利略要好，因為他擁有比伽利略高級得多的望遠鏡。1659 年，憑藉這隻「千里眼」，他證實了伽利略提到的那兩個「耳朵」是土星的光環。1675 年，義大利天文學家卡西尼（Giovanni Cassini）發現土星光環中間有條暗縫，這條縫後來被稱為「卡西尼環縫」（Cassini's Division）。卡西尼還猜測，光環是由無數小顆粒構成。兩個多世紀後的分光觀測證實了他的猜測。但在此前的 200 年間，土星光環通常被看作是一個或幾個扁平的固體盤狀物質。1856 年，英國物理學家馬克士威（James Maxwell）從理論上論證了土星光環不可能是固體，因為若是固體的，它將會因為不穩定而碎裂。馬克士威指出，土星光環是由無數個在土星赤道面上圍繞土星旋轉的小衛星組成。1895 年，透過光譜學研究，利克天文臺的基勒驗證了馬克士威的理論。

　　或許「夫唱婦隨」是太陽系的一大優良傳統 —— 科學家

們發現，土星的第二大衛星「雷亞」[6] 也有自己的環系統。2008 年，「卡西尼號」的探測設備發現，雷亞周圍環繞著大量碎片，在其周圍形成一個範圍達數千公里的盤狀碎片帶。最新觀測結果顯示，雷亞擁有 3 條密度較高的細環帶，環帶的狹窄盤面由塵埃和微小的碎石構成。這是第一個被發現的環繞著衛星的環系統。

　　繼土星之後，天王星的環也被發現。這是在太陽系內被發現的第二個環系統。天王星是赫雪爾於 1781 年發現的，直到 1977 年，天文學家們才確定它也有光環。不過，也有人認為，赫雪爾在 18 世紀就已經發現了天王星的環，因為在他 1789 年 2 月 22 日的觀測紀錄裡敘述道：「覺得有一個環。」赫雪爾在一張小圖上畫出了圓環，並且注明「有一點傾向紅色」，夏威夷的「凱克」望遠鏡證實了他的描述是真實的。

天王星的光環

---

[6]　雷亞，土衛五，英文寫作「Rhea」，其實就是古希臘傳說中克洛諾斯的妻子雷亞；而土星得名於羅馬神話裡的農神薩圖恩努斯，在希臘神話中他被稱作克洛諾斯。

　　不過，天王星的環更加細，是名副其實的線狀環，因此只有利用特殊的觀察方法才能看到。到目前為止，已發現天王星有 13 個環。這些環非常年輕，理論上不是與天王星同時形成的。環中的物質可能是一次高速的撞擊或受到潮汐力拉扯而瓦解的天然衛星形成的碎片。自 1980 年代以來，天王星光環的模樣發生了很大變化，這表明這顆行星在過去的二三十年裡遭受了巨大的撞擊。

　　木星環是太陽系第三個被發現的行星環系統。它首次被觀測到是在 1979 年，由「航海家 1 號」發現。此前在 1975 年，「先鋒 11 號」對行星輻射帶的觀察所推演出來的結果顯示，木星存在光環，但是人們並未直接觀測到木星環。

　　1990 年代，「伽利略號」對木星環進行了較為詳細的勘查，極大地豐富了人們對木星環的認知。多年來，人們經常借助「哈伯」太空望遠鏡觀察木星環。木星環在地球上也能看得到，但需要現存最大的望遠鏡才能夠進行木星環的觀察。

　　木星環系統主要由塵埃組成。這些塵埃多是由木衛十五、木衛十六及其他不能觀測的主體因為高速撞擊而噴出的。2007 年 2 ～ 3 月，由「新視野號」取得的高解析度圖像顯示，木星的主環有著豐富的精細結構。

　　自海王星被發現之後，它是否存在光環就引起了人們的強烈興趣。1846 年 10 月，英國天文學家拉塞爾（William

Lassell）聲稱看到了海王星光環，但當時沒多少人相信他。1984 年美國和法國的天文學家在觀測掩星時發現了海王星的環。1989 年，「航海家 2 號」飛過海王星，終於證實了這個發現。

至此人們發現，如果以太陽為中心，將太陽系分作「城區」和「郊外」的話，水星、金星、地球以及火星所處的區域可以稱為城區，其他外行星所處的區域算作郊外，而小行星帶可看作將城區和郊區隔離開來的「環線」。如此，在太陽系的郊外，「戴草帽」可謂一個流行趨勢，主要是因為外行星擁有數量眾多的衛星。

透過研究土星環，科學家們也揭開了所有外行星環形成的原因。行星環的形成有三種可能的方式：來自原本就存在於洛希極限 [7]（Roche limit）內，但不能形成衛星的原行星盤物質；來自天然衛星遭受巨大撞擊後產生的碎屑；來自在洛希極限內受到潮汐力拉扯而瓦解的天然衛星產生的碎屑。所謂洛希極限，是一個天體自身的重力與第二個天體造成的潮汐力相等時的距離。當兩個天體的距離小於洛希極限，天體就會傾向碎散，繼而成為第二個天體的環。目前所知的行星環都在洛希極限之內。

值得一提的是，清末天文學家鄒伯奇生前曾製作過一臺

---

[7] 洛希極限是一個天體自身的引力與第二個天體造成的潮汐力相等時的距離。當兩個天體的距離小於洛希極限時，天體就會傾向碎散，繼而成為第二個天體的環。洛希極限是以首位計算該極限的人愛德華·洛希（Édouard Roche）命名的。

太陽系表演儀，形象地表現了當時人們所知道的太陽系。儀器上有太陽、八大行星以及行星的衛星等。在相當於土星的位置上，鄒伯奇布設了一個環來表示土星光環，在海王星的位置上，他也布設了一個環，這使人頗為費解。有人認為，鄒伯奇親自製作過望遠鏡，還製作過中國有史以來第一架照相機，他完全有可能對海王星進行過觀測並發現了其光環。但人們沒有找到鄒伯奇有關海王星光環的觀測紀錄。因此，鄒伯奇有沒有發現過海王星的光環還是一個謎。

赫雪爾家的功勳

　　古希臘的創世傳說裡寫道：在很早以前的洪荒時代，世界還是一片混沌，地母蓋亞（Gaia）誕生了。當太陽從東方升起時，她許諾要將生命的種子植入每一個在地球上誕生的生命裡。於是，在混沌中，代表希望與未來的烏拉諾斯（Uranus）從地母的指尖上生出，與蓋亞結為夫妻。烏拉諾斯執掌天空，是第一代天空之神，他與蓋亞生下了 12 個巨人。

　　自烏拉諾斯誕生起，就產了一個預言，說他的孩子將推翻他的統治，取代他成為天空之神。烏拉諾斯一直被這個預言困擾著，這使他對自己孩子的態度極端惡劣，孩子們因此很害怕父親。

　　蓋亞無法容忍烏拉諾斯對孩子們的苛待。在她的幫助下，最小的泰坦神克洛諾斯奮起反抗，與父親展開激戰，並最終奪得了勝利，成為新一代的眾神主宰。他娶了姊姊雷亞為妻，生下 6 個子女。憤恨的烏拉諾斯詛咒克洛諾斯，預言他將來必然與自己一樣，被自己的兒子推翻並囚禁。因此，克洛諾斯效仿自己的父親，把剛生下的孩子們吞進肚子裡。雷亞為此感到悲傷，當最小的兒子宙斯出生時，她把一塊石頭包在羊皮裡，假作是剛生的孩子讓克洛諾斯吞下，而偷偷把小兒子交給乳母帶到一個山洞裡去撫養。宙斯長大以

後，在雷亞的幫助下，推翻了克洛諾斯的統治，坐上了眾神之王的寶座。烏拉諾斯的預言最終實現了。

在天文學中，太陽系的第七顆大行星就是以烏拉諾斯的名字命名的，中文通常譯作「天王星」。這顆大行星是威廉·赫雪爾爵士（William Herschel）於 1781 年發現的，這也是他在天文學領域最為輝煌的成就。

赫雪爾望遠鏡

威廉·赫雪爾

赫雪爾的全名是弗里德里希·威廉·赫雪爾，他不僅是天文學家，而且還是音樂家，在天文和音樂兩個領域都享有盛譽。赫雪爾是恆星天文學的創始人，被譽為「恆星天文學之父」。此外，他還是英國皇家天文學會第一任會長以及法蘭西科學院院士。

1738 年 11 月 15 日，威廉‧赫雪爾出生於德國漢諾威。在家裡的 6 個孩子中，赫雪爾排行第三。他的父親是漢諾威近衛步兵連軍樂隊的雙簧管手，小赫雪爾 15 歲就繼承了父業，在軍隊中當小提琴手，同時也吹奏雙簧管。那時候他的理想是當一名作曲家，但同時，他對數學和光學也非常感興趣，業餘時間幾乎都用於研究數學、光學和語言。1754 年，「七年戰爭」開始，英、法兩國和西班牙在貿易與殖民地上相互競爭，赫雪爾所在的普魯士也日益崛起，成為一個強國，與奧地利在神聖羅馬帝國的體系內外爭奪霸權。在 1756 ～ 1763 年之間，這場戰爭的激烈程度達到了最高峰。厭惡戰爭的赫雪爾在 1757 年設法脫離了所在部隊，逃往英國。他先是到達了里茲，後來又輾轉來到以溫泉出名的度假勝地巴斯。在音樂上的造詣使赫雪爾得以在巴斯開始了穩定的生活。1766 年，他被聘為巴斯大教堂的管風琴師。這時他已成為當地著名的風琴手兼音樂教師，每週指導的學生達 35 名之多。1772 年，赫雪爾的妹妹卡羅琳‧赫雪爾（Caroline Herschel）也來到英國，與他一起生活。依照當時的社會風俗，卡羅琳成了赫雪爾的管家。她不僅把家務料理得井井有條，而且還成了赫雪爾做天文研究的得力助手。

　　在少年時代，威廉‧赫雪爾就對天文學產生了濃厚的興趣，並渴望著用自己設計製造的望遠鏡觀測星空。卡羅琳來到英國後，赫雪爾開始自己著手製造望遠鏡。1773 年，他用

買來的透鏡製造出了第一架天文望遠鏡，可放大 40 倍。1776 年，他製造出焦距 3 公尺和 6 公尺的反射望遠鏡，並開始進行巡天觀測。赫雪爾特別重視近距雙星。1781 年，他編出第一份雙星表，共列出了 269 對雙星。

1781 年 3 月 13 日，威廉‧赫雪爾在位於索美塞特巴恩鎮新國王街 19 號的家宅庭院中觀察到了天王星。此後，他用自己製造的望遠鏡對這顆星做了一系列的觀察。同年 4 月 26 日，他提交了發現報告，但在報告中他將其稱為一顆彗星。不過在給皇家學會的報告中，他很含蓄地暗示，新發現的這顆星比較像行星。由此，威廉‧赫雪爾被通知成為皇家天文學家。在回覆皇家學會的信函中，他談起他的發現說：「我不知該如何稱呼它，它在接近圓形的軌道上移動，很像一顆行星，而彗星是在很扁的橢圓軌道上移動。我也沒有看見彗髮或彗尾。」德國天文學家波德在觀測後斷定，這個以圓形軌道運行的天體更像是一顆行星。

1783 年，法國科學家拉普拉斯（Pierre-Simon Laplace）證實，赫雪爾發現的是一顆行星。這是現代發現的第一顆行星，為此威廉‧赫雪爾被英國皇家學會授予科普利獎章（Copley Medal）。當時的英國國王喬治三世（George III）也是一位狂熱的天文學愛好者，赫雪爾的這個發現引起了他的注意，於是，喬治三世赦免了赫雪爾當年擅自逃離軍隊的過錯，並從 1782 年起聘請他為自己的私人天文學家。他建議讓

赫雪爾移居至溫莎王室，讓皇室的家族有機會使用他的望遠鏡觀星。鑑於赫雪爾取得的成就，以及他為皇室成員提供的服務，喬治三世給予赫雪爾每年 200 英鎊的年薪。赫雪爾兄妹先是遷往溫莎附近的達切特，1786 年又遷往斯勞。此後，他一直在斯勞工作，直至去世。1816 年，威廉·赫雪爾被封為爵士。

出於天文學界的慣例，英國天文學家內維爾·馬斯基林（Nevil Maskelyne）請赫雪爾給新發現的行星命名，赫雪爾提議，給這顆行星起名為「喬治之星」或直接稱為「喬治三世」，以紀念他的新贊助人。但是，波德贊成用烏拉諾斯的名字來稱呼新發現的行星。這個名稱最早是在赫雪爾過世一年之後才出現在官方檔中。在英國，這顆新行星一直被稱作「喬治之星」或「喬治三世」，直到 1850 年才換用「烏拉諾斯」這個名字。由於古希臘神話中的烏拉諾斯是第一代天空之神，所以在譯成中文時，採用了「天王星」這個稱謂。在太陽系的所有大行星中，唯有天王星的名字取自希臘神話，而非羅馬神話。它的形容詞形式「Uranian」被馬丁·克拉普羅特（Martin Klaproth）用以命名他在 1789 年發現的新元素——鈾。

1783 年，透過一些恆星自行資料的分析，赫雪爾推導出太陽在向武仙座方向的空間運動，這種運動被稱為太陽的本動。

透過多年巡天觀測，赫雪爾對一些擬定選區的恆星進行採樣統計，並根據統計結果建立起銀河系的初步概念。1784年，他向皇家學會宣讀了論文《從一些觀測來研究天體的結構》，首次提出「銀河系是一個輪廓參差的扁平狀圓盤」的假說。

1786年，威廉·赫雪爾發表了《一千個新星雲和星團表》（*Catalogue of One Thousand New Nebulae and Clusters of Stars*），除了前人已列出的星雲、星團外，還收錄了他本人的全部發現。

1787年，赫雪爾發現了天王星的兩顆衛星，後來被定為天衛三和天衛四。1789年，他又發現了兩顆土星衛星，這就是後來的土衛一和土衛二。

1800年，赫雪爾重複了牛頓當年的實驗，使用三稜鏡把太陽光分解開來，然後在各種不同顏色的色帶位置上放置了溫度計，試圖測量各種顏色的光具有的溫度。結果他發現，位於紅光外側的那支溫度計升溫最快，赫雪爾因此得出一個結論：太陽光譜中，紅光的外側必定存在一種看不見的光線，具有熱效應。他所發現的這種看不見的光線就是紅外線，這是人類首次探測到天體的紅外輻射。20世紀初，科學家們開始對天體紅外輻射進行認真研究，如今，紅外天文學（Infrared astronomy）已成為研究天體的一門學科。它的研究對象十分廣泛，包括太陽系天體、恆星、電離氫區、分子雲、行

星狀星雲、銀核、星系、類星體等，幾乎各種天體都是紅外源。這個「年輕」的學科填補了光學天文學和無線電天文學（Radio astronomy）之間的空白，成為全波段天文學中重要的一環。而它的起點，正是赫雪爾的分光實驗。

1802 年，在歐伯斯發現了智神星後，赫雪爾就認為，這些小天體是一顆行星被毀壞後的殘餘物，這與歐伯斯的想法不謀而合，也就此開啟了關於小行星帶起源的爭論，這個探討直至如今尚未有定論。

1802 ～ 1804 年，赫雪爾指出，大多數雙星並非是在方向上偶然靠在一起的光學雙星，而是物理雙星，還發現雙星兩子星的互相繞轉。

赫雪爾一生從事星團、星雲和雙星的研究，集 20 年觀測成果，彙編成 3 部星雲和星團表，共記載了 2,500 個星雲和星團，其中僅 100 多個是前人成就，還發現了雙星、三合星和聚星 848 個。此外，他還製造了許多大型望遠鏡，磨製出售的望遠鏡至少有 76 架，自己用的反射望遠鏡最大口徑 1.2 公尺，為當時世界之最。

1821 年，威廉‧赫雪爾被選為英國天文學會第一任主席。

1822 年 8 月 25 日，威廉‧赫雪爾與世長辭。

赫雪爾家族，不僅威廉‧赫雪爾功勳卓越，他的妹妹卡羅琳‧赫雪爾也不遑多讓。卡羅琳‧赫雪爾 1750 年 3 月 6 日

出生於漢諾威，在家中排行第五，天生一副美妙歌喉。1772年，卡羅琳移居巴斯後接受了音樂訓練，同時還向赫雪爾學習英語和數學。卡羅琳曾經是赫雪爾所在的聖樂團的主唱，並獲邀出席伯明罕音樂節，但她卻推辭了這個演出機會。

在赫雪爾全身心投入天文學研究時，卡羅琳成了他的全職助手。她以日記的形式，詳細記載了威廉·赫雪爾的工作史。有時候赫雪爾打磨鏡片騰不出手，卡羅琳就餵哥哥吃飯。

卡羅琳·赫雪爾

在赫雪爾遷居達切特後，卡羅琳也開始專心地從事天文工作。赫雪爾親自指導她觀測，並給了她一臺小望遠鏡去搜索彗星。1783年，她發現了3個星雲。1786年卡羅琳隨赫

雪爾遷到斯勞，8月1日這天，她用反射望遠鏡發現了1顆新的彗星。這是首顆被女性發現的彗星，卡羅琳因此廣受讚譽，並於第二年獲喬治三世聘用，正式成為赫雪爾的助手。

1788～1790年，卡羅琳又發現了3顆彗星。1790年底，赫雪爾專門為她製造了一臺口徑23公分的反射望遠鏡。卡羅琳不負厚望，在1791年至1797年間，又先後發現了4顆新彗星。其中，1795年發現的「恩克」彗星（2P/Encke）最為出名。1819年，德國天文學家恩克（Johann Encke）計算出了它的軌道，證明了它的運行週期僅為3.4年。「恩克」彗星是人類發現的第一顆短週期彗星，也是繼「哈雷」彗星（1P/Halley）之後，第二顆被預言回歸的彗星。

1797年，卡羅琳向英國皇家學會提交了一份佛蘭斯蒂德（John Flamsteed，英國首任皇家天文學家）觀測資料的索引，並列出561顆英國星表中遺漏的恆星和勘誤表。在威廉·赫雪爾去世後，卡羅琳回到了故鄉漢諾威，繼續編纂包括赫雪爾觀測過的全部星雲和星團表。這個工作於1825年圓滿結束，卡羅琳隨後將手稿寄給了威廉·赫雪爾的兒子約翰。

1828年，英國皇家天文學會向卡羅琳頒發了金獎章。1835年，卡羅琳以85歲的高齡被推選為該學會的榮譽會員。這是一項史無前例的殊榮，因為根據當時的限定，會員只能由男性當選。1846年，卡羅琳獲普魯士國王頒發的金獎章。1848年1月9日，終身未嫁的卡羅琳·赫雪爾逝世於漢諾威，

享年 89 歲。為紀念她在天文學上的貢獻,「281 號」小行星
(281 Lucretia) 以她的中間名「盧克雷蒂婭」命名。此外在月
球的虹灣上還有一個名叫「C. 赫雪爾」的環形山。如果以一
句話來概括卡羅琳·赫雪爾的一生,那麼科幻劇《超時空奇
俠》(*Doctor Who*)[8] 中的那句臺詞最為合適:「那顆星⋯⋯
點燃了她的生命。」

約翰·赫雪爾是威廉·赫雪爾的獨生子,1792 年 3 月 7
日出生於斯勞,1813 年畢業於劍橋大學,21 歲就當選為皇
家學會會員。1808 年,威廉·赫雪爾患病,已無力持續從事
觀測。因此,約翰在 1816 年回到斯勞,接替了父親的觀測工
作,並且他還擴充並修訂了父親的研究計畫。為了將父親的
巡天和恆星計數範圍擴大,約翰於 1834 年偕妻子與孩子親赴
非洲好望角,花了 4 年時間編制了南天的星雲、星團表。他
花費了 9 年時光撰寫的南天普查工作的詳細總結 ——《好望
角天文觀測結果》(*Results of Astronomical Observations made
at the Cape of Good Hope*) 堪稱一部傑作,但直到 1847 年才
發表。

1848 年,約翰·赫雪爾當選為皇家天文學會主席。他寫
的《天文學概要》(*Outlines of Astronomy*) 於 1849 年出版,
堪稱當時的《時間簡史》(*A Brief History of Time: from the*

---

[8]《超時空奇俠》(*Doctor Who*) 英國廣播公司 (BBC) 出品的電視劇,第一集於
　　1963 年 11 月 23 日 17 點 16 分在英國廣播公司電視臺播出。該劇被金氏世界紀
　　錄列為世界上最長的科幻電視系列劇,也被列入有史以來「最成功」的科幻電
　　視系列劇。

Big Bang to Black Holes），在幾十年內一直是普通天文學的標準課本。1837 年，約翰在維多利亞女王加冕典禮上被封為準男爵。

約翰是天文學會理事會的創始人之一，也是這個協會的第一任國外書記。或許是幼承家教的緣故，約翰興趣廣泛，且多才多藝。他在化學和照相術等方面也頗有造詣，發明了很多有關照相的技術。他提出的「正片」和「負片」等詞彙，至今仍被攝影家使用。1871 年 5 月 11 日，約翰·赫雪爾逝世於肯特郡。他被譽為是「一個時代最偉大的科學家之一」。

赫雪爾一家的努力，開闢了觀測天文學的時代，為 20 世紀天文學的發展構築了舞臺。這個家族在英國天文學界的權威地位，幾乎長達一個世紀。為紀念威廉·赫雪爾，2009 年 5 月 14 日歐洲太空總署（European Space Agency, ESA）發射的一顆探測衛星即以他的名字命名。它實質上是一臺大型遠紅外線太空望遠鏡，寬 4 公尺，高 7.5 公尺，是迄今為止人類發射的最大遠紅外線望遠鏡，用於研究星體與星系的形成過程。

計算出來的行星

烏拉諾斯是古希臘傳說中的第一代天神,後來他被兒子克洛諾斯推翻,失去了統治天界的地位。在敗於兒子之手的時候,烏拉諾斯對克洛諾斯下了一個惡毒的詛咒,預言他將來也會被自己的兒子推翻。後來這個詛咒應驗了,克洛諾斯被最小的兒子宙斯率天界聯軍打敗,囚禁在被稱作「塔爾塔羅斯」的幽暗之地。

克洛諾斯與他的姊妹雷亞結婚,共生了 6 個孩子。3 個男孩分別是黑帝斯(Hades)、波賽頓(Poseidon)和宙斯。女孩中的老大赫斯提亞(Hestia)後來成了灶神;希拉(Hera)嫁給了宙斯,成為天后,並執掌祝福與婚姻;最小的狄蜜特(Demeter)被封為大地女神,掌管草木和農作物的生長與收穫,她同時也被稱為穀神,1 號小行星 —— 穀神星就是以她的羅馬名字「塞萊斯」命名的。

在推翻克洛諾斯的統治以後,宙斯三兄弟決定以抽籤的方式來分配對世界的控制權。由於雷亞最疼愛她的小兒子宙斯,於是她幫助宙斯在抽籤中作弊,使宙斯成了眾神之王,取得了天界的控制權。黑帝斯抽到地獄,從此成了冥王,但他一向溫和低調,對這種不公平的分配並不在意,很聽話地服從安排,去了冥界。然而抽到海洋統治權的波賽頓性情

暴烈，雖然很不情願地做了海王，卻經常不安分地向宙斯挑戰，弄得天上、人間時常戰火連連。

在羅馬神話裡，海王波賽頓對應的是海神涅普頓（拉丁語：Neptunus），太陽系的第八顆大行星就是以他的名字命名的，中文稱「海王星」。

在八大行星中，海王星距離太陽最遠，它的體積在太陽系各大行星中排行第四，質量排行第三。雖然海王星與天王星常被人們稱作「姊妹星」，但海王星的密度要大於天王星，其質量是地球的 17 倍，而天王星的質量只有地球的 14 倍。

人們正式確認海王星的存在，是在 1846 年 9 月 23 日。它是唯 —— 顆利用數學預測出來的行星，所以它被冠以「筆尖上發現的行星」的稱號。

其實早在 1612 年 12 月 28 日，伽利略就借助他製造的望遠鏡首度觀測到了海王星。1613 年 1 月 27 日又再次觀測。但因為這兩次觀測時，海王星都在相當靠近木星的位置上，伽利略把它當作了一顆恆星。

海王星的預測過程是建立在牛頓萬有引力定律的基礎上的。17 世紀初，克卜勒總結出行星運動定律，使得人們清楚地認識到行星是圍繞著太陽運行的。而後，牛頓進一步探討了行星為什麼始終繞著太陽運轉。1687 年，他發表了萬有引力定律，這是力學領域乃至天文學領域中至關重要的偉大發現。這個發現使天文學和力學緊密地結合在一起。之後，

科學家們利用牛頓的運動定律和萬有引力定律來研究天體的運動。在此基礎上，人們認識到，一個天體在圍繞另一個天體運轉時，受到別的天體吸引或其他因素影響，其運行軌道會發生偏差，科學家們將這種現象稱為「攝動」(Perturbation)。而在太陽系中，各大行星圍繞太陽運行時，還會受到其他行星引力的影響，行星間彼此引力產生的攝動，會使得各行星的軌道或多或少地偏離理想的橢圓。天文學家們將這些攝動計算清楚之後，就可以預測行星在未來時間段所處的位置，並製成星曆表。

1821 年，法國天文學家布瓦爾 (Alexis Bouvard) 計算出了木星、土星和天王星的星曆表。該星曆表出版後，大家發現星曆表上顯示的天王星的情況，與實際觀測的結果不符，而且偏差越來越大。於是，諸多天文學家開始懷疑，在天王星軌道之外，距離太陽更遙遠的地方，還有一顆未知的大行星，它對天王星的攝動對天王星的運行軌道產生了影響，而且他們也都知道，透過觀測天王星軌道的變化，反過來使用牛頓的理論，就可以追本溯源，計算出這顆未知行星的軌道和位置。但大多數人都認為，把時間和精力貿然投入到很可能沒有結果的事上是不划算的，所以尋找未知行星的事就一直耽擱了下來。

然而，有兩位年輕人不畏艱辛，全力投入到尋找未知行星的行動中。英國的約翰‧亞當斯 (John Adams) 於 1843 年想出

了尋找未知行星的方法。1845 年，他計算出這顆影響天王星運行的大行星的軌道，並積極聯繫英國皇家天文學家喬治‧艾里（George Airy）。可是他三次來到格林威治皇家天文臺拜訪艾里，都沒能見到這位知名的天文學家，最後只得留下一份關於計算結果的簡短說明遺憾地離去。幾天後，艾里寫信給亞當斯，對他的努力表示感謝，並問了他一些計算上的問題，但亞當斯沒有回信。關於未知行星的探討就此被擱置了。

與此同時，法國工藝學院年輕的天文學教師於爾班‧勒維耶（Urbain Le Verrier）也在鑽研這個問題。勒維耶生於 1811 年 3 月 11 日，其父是一名小公務員。為了讓兒子能夠上學，老勒維耶不惜變賣房產。勒維耶最初從事化學實驗工作，但他的才華最終在天文學領域得到了極大發揮。

在接受巴黎天文臺臺長阿拉戈（François Arago）建議後，勒維耶來到巴黎天文臺，開始尋找未知的行星。他把自己的研究成果寫成論文，寄給幾位著名的天文學家。1846 年 6 月，艾里在收到勒維耶的論文後，想起亞當斯的計算結果，頓時著急起來，請劍橋天文臺臺長查理斯（James Challis）用望遠鏡進行搜索。同時，約翰‧赫雪爾也開始贊同以數學的方法去搜尋行星，並說服查理斯著手搜尋工作。但是，當時查理斯手上沒有適合的星圖。1846 年 7 月，查理斯勉強開始了搜尋工作。

1846 年 8 月 31 日，勒維耶發表了他的論文，題目是「論使天王星運動失常的行星，它的質量、軌道和當前位置的確定」。他寫信給歐洲的一些天文臺，請他們使用望遠鏡按他指定的位置尋找這顆行星。同年 9 月 23 日，柏林天文臺的約翰·伽勒（Johann Galle）收到了勒維耶的信，當時他的助手正好完成了勒維耶預測天區的最新星圖，可以作為尋找新行星的參考圖。當天晚上，海王星被發現，且與勒維耶預測的位置相差不到 1°。後來，經過對比，這顆新行星的位置與亞當斯當時預測的位置相差 10°。第二天，伽勒和他的助手再次核實前一天的發現，新行星在天區中退行了 70″，與勒維耶的計算正好吻合。9 月 25 日，伽勒寫信給勒維耶，在信裡他這麼寫道：「先生，您給我們指出位置的那顆行星，確實存在。」

海王星被發現的消息傳到英國，查理斯經過檢查後發現，其實他早在當年 8 月 4 日和 12 日，就已經兩度觀測並記錄下了海王星，但因為他對工作漫不經心，未曾進一步核實，從而失去了率先發現新行星的機會。他因此成了工作懈怠的典型。同年 10 月 3 日，約翰·赫雪爾在倫敦發表了公開信，稱勒維耶只是重複了亞當斯早已完成的計算。這個言論導致了對海王星發現者的爭論爆發。最後，大家一致認為，發現海王星的榮譽屬於勒維耶和亞當斯兩個人。值得一提的是，這兩位當事人的表現都很淡定，並未介入這場爭論，而且後來還成了好朋友。

神祕的海王星

　　1998 年，被英國天文學家艾根（Olin Eggen）竊取的海王星資料重現人世，檔案表明，當年亞當斯在給艾里的簡短說明中，只給出了尚屬未知行星的海王星的軌道要素，而沒有提供理論和計算的背景資訊。到了 2004 年，人們在亞當斯的家庭文檔裡發現了亞當斯給艾里的一封信，是對艾里詢問他計算問題的回覆，他聲稱打算描述自己所用的方法，並針對之前的工作提供一份歷史記述。然而計算方法和歷史記述都未寫在這封覆信中，這封標注著 1845 年 11 月 13 日的覆信也從未寄出過。就此，後世的一些天文學家認為，亞當斯不應該享有跟勒維耶一樣的榮譽，發現海王星的功勞理應屬於勒維耶一人。

但是，就天文學的整體發展而言，是誰發現了海王星並不重要，重要的是，海王星是透過計算而非觀測發現的。它的發現，驗證了牛頓力學的可靠性，也證明了萬有引力定律是正確的。

　　在海王星被發現後的一段時日內，它經常被稱作「天王星外的行星」或「勒維耶行星」。後來有人提議使用羅馬神話中的雙面神雅努斯（Janus）的名字為其命名。查理斯則建議使用大洋河神歐開諾斯（Oceanus）的名字，因為在古希臘神話中，歐開諾斯是環繞著宇宙轉動的巨大河流。亞當斯建議將其改為「喬治」，而勒維耶提議，這顆新發現的行星應該以羅馬神話中的海神涅普頓的名字來命名，他的建議很快被國際天文學界所接受。

　　如今，與海王星發現相關的一干人等，都被用來命名海王星的環。這顆不尋常的行星被發現不到一個月，英國天文學家威廉・拉塞爾就宣稱發現了它的環，但沒有人重視他的話。1984 年，人們觀測到海王星在掩星前後出現了偶爾的額外「閃光」，其後它被認為是海王星環不完整的證據。在「航海家 2 號」（Voyager 2）1989 年拍攝的圖像上，發現了海王星的 3 個環。而到目前為止，已發現的海王星光環達到了5 個。這些環並不像人類在地球上觀察的那樣斷斷續續，像一段段的弧形環，這是由於環的反光不均勻造成的。實際上海王星的這些光環都是完整的。

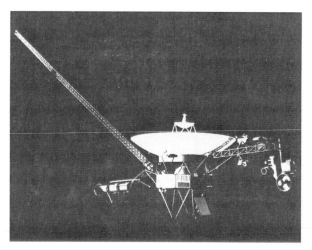

「航海家 2 號」探測器

海王星最外層的環名為亞當斯，距海王星中心 63,000 公里，包含三段圓弧，已分別命名為「自由」、「平等」和「博愛」。亞當斯環的內側是距中心 57,000 公里的阿爾戈環。勒維耶環距中心 53,000 公里。最內側的伽勒環距中心 42,000 公里。在勒維耶環和阿爾戈環之間是暗淡的拉塞爾環，那位宣稱發現了海王星環的天文學家終於得以與他掛心的行星環同享尊榮。

然而，不知道這樣的尊榮還能夠存在多久。據《新科學家》雜誌報導，美國加利福尼亞大學研究人員在 2002 年和 2003 年，利用架設在夏威夷的口徑達 10 公尺的凱克望遠鏡對亞當斯環進行了觀測。他們最近得出的分析結果表明，亞當斯環中的三段弧似乎都在消散，其中自由弧消散得最為

明顯。如果照這種趨勢繼續下去，自由弧將在 100 年內徹底消失。

　　海王星有 13 顆已知的天然衛星，都以跟希臘海神波賽頓相關的人物命名，包括他的子女、情人和隨從等。最大的一顆衛星 —— 海衛一，在海王星被發現 17 天後就被威廉·拉塞爾發現了。天文學家們以希臘神話中海神波賽頓的兒子特里頓（Triton）的名字命名。它的大小和組成類似冥王星，是太陽系中最冷的天體之一，也是太陽系內 4 顆有大氣的衛星之一，且有著只有行星才有的磁場。與其他大型衛星不同，海衛一有一個逆行軌道，即它的公轉方向與自轉方向相反。科學家們推測，海衛一可能是被海王星俘獲的古柏帶天體。

　　海王星的第二個已知衛星 —— 海衛二形狀很不規則，擁有太陽系中離心率最大的衛星軌道。同樣具有不規則形狀的還有海衛八，它是由「航海家 2 號」於 1989 年飛經海王星時發現的，是已知太陽系內最暗的天體之一，只反射 6% 被照射的太陽光。海衛八的直徑超過 400 公里，比海衛二大。但因為海衛八非常靠近行星，容易被行星反射的太陽光掩蓋，所以它未能被地基的望遠鏡所發現。科學家們認為，海衛八之所以呈非球形，是因為它的自身引力不夠大，在類似密度的天體中，它已達到了尚未被自身引力拉至球狀的最大極限。或許正是由於它形狀不規則，天文學家們才賦予了它「普羅透斯」（Proteus）這個名字。普羅透斯是希臘傳說中

「海老人」的名字，意為「最早出世的」，含有最初之意。據
《荷馬史詩》（Homer）記載，海老人有預言未來的能力，但
是他的外形千變萬化，人們很難捉住他。

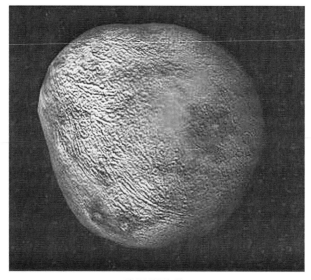

不規則的海衛二

　　2006 年，國際天文學聯合大會頒布了太陽系天體的新
劃分標準，「外海王星天體」這個名詞誕生，簡稱「海外天
體」，指太陽系中所在位置或運行軌道超出海王星軌道範圍
的天體。海王星外的太陽系由內而外可再分為古柏帶和歐特
雲區帶。海王星運行軌道因此成為一個衡量標準。而且，從
此之後人們提起海王星，總會把它和「太陽系最後一顆大行
星」掛起鉤來。

海王星真的是太陽系最後一顆大行星嗎？或許在太陽系內，海王星運行軌道以外的星域，確實再沒有符合最新大行星定義的天體了。不過，難保天文學家們不會再度修改大行星的定義，而天文學上的變動，對於很多文學作品來說，經常被視為是「災難性」的。以現今的天文學知識衡量過去的作品，總能發現許多「不科學」的地方，對於這種所謂的「不科學」，大概只有了解科技領域變革的人，才能冷靜地持以寬容的態度。

不和女神惹的禍

　　《聖鬥士星矢》是日本著名漫畫家車田正美的代表作之一，1985 年 12 月起開始在少年漫畫雜誌《週刊少年 Jump》上連載。這個講述熱血少年透過自身擁有的愛與勇氣，激發出小宇宙，為守護地球與諸神對戰的故事，刊載不久就風靡了整個日本，後來更擴展到東南亞各地。目前已連續推出了《銀河戰爭篇》、《聖域黃金十二宮篇》、《北歐奧丁篇》、《海皇波賽頓篇》、《冥王黑帝斯篇》等續集。

　　在《冥王黑帝斯篇》中，車田正美構思了作為人類守護神的雅典娜與冥王黑帝斯的對決，而星矢等人身為女神的聖鬥士，也不可避免地與冥王手下的冥鬥士打得天翻地覆。黑帝斯將歷次戰爭中死去的聖鬥士復活，撒加、卡妙、米羅等這些曾經風光無限的黃金聖鬥士，在重生後都披上了黑光閃閃的冥衣，向他們曾經誓死守護過的聖域發起攻擊。連番惡戰，使得聖域幾近毀滅。參透「阿賴耶識」的處女座聖鬥士沙加和女神雅典娜以活體闖入冥界。星矢等 5 人以女神之血修復已經破損的聖衣，隨後闖入潘朵拉城。他們打敗了 108 位冥鬥士，憑藉 12 黃金聖鬥士的力量和沾染女神之血的聖衣的保護，衝過嘆息之牆和異次元空間，來到了至高無上的天堂極樂淨土。他們的到來驚動了守護黑帝斯的死神和睡神，憑藉著升級到「神聖衣」的鎧甲，星矢等人以凡人身分與神

開戰。而另一邊，每 243 年一度的雅典娜與黑帝斯的聖戰也開始了……

《冥王黑帝斯篇》是《聖鬥士星矢》中戰鬥最為激烈的一部，也是迄今為止所受關注最多的一部。這或許和人們天生畏懼死亡有一定的關係——在神話傳說中，黑帝斯執掌地獄，死後的人們都要去他那裡報到。

事實上，從古至今的文學作品中，如《聖鬥士星矢》這般「詆毀」冥王黑帝斯的著作非常之多。在大量的魔幻故事裡，勇士們最後都要與死神或地獄之王交鋒，而且通常情況下都會是勇士們取得決定性的勝利。

然而，很諷刺地，在希臘最早的神話中，冥王黑帝斯是眾神中最安分守己、樸實平易的一位。他唯一的「惡行」也不過是在中了小愛神厄洛斯（Eros）的金箭後，熱血沸騰，搶走了外甥女波瑟芬妮（Persephone），強迫她成了冥界的王后。

我們的文學家們的確是使冥王蒙受了不少的不白之冤。令人啼笑皆非的是，天文學家們在這方面並不比文學家們差，站在冥王的角度，來自天文學家的「侮辱」已到了可以忍耐的極限——2006 年，天文史上爭論最激烈的事爆發了。之後，世界盛傳：「冥王星被開除星籍！」

冥王星是 1930 年 2 月 18 日由克萊德・湯博（Clyde Tombaugh）發現的。當年，這個發現轟動了整個天文界。

早在海王星被發現後，勒維耶就曾預言：「對這顆行星

觀測三、四十年後，我們將能利用它來發現緊隨其後的那顆行星。」

這個預言的實現比勒維耶預計得稍晚些，但這個發現過程仍要歸功於牛頓經典力學。

海王星被發現之後不久，天文學家們發現，即使把海王星對天王星的攝動計算在內，天王星的計算位置與實際觀測結果仍有微小的偏離，同時海王星的運動也很不正常。於是很多人猜測，在海王星軌道外還有一顆大行星，在干擾這兩顆行星的運行。1905 年，美國天文學家羅威爾推算出了這顆大行星的位置，但他從未找到過它。直到羅威爾去世 13 年之後，年輕的觀測員湯博經過一年多的努力，終於發現了這顆遙遠黯淡的行星。

時任羅威爾天文臺臺長的斯萊弗（Vesto Slipher）於同年 3 月 13 日公布了湯博的這個發現，這天是羅威爾誕辰 75 周年紀念日，同時也是赫雪爾發現天王星 149 周年紀念日。消息一公布，為該行星命名的提議就如潮水般湧向羅威爾天文臺。其中，英國的一位 11 歲女孩威妮夏·伯尼（Venetia Burney）建議，以羅馬神話中冥王普路托（Pluto）的名字來給新行星命名，因為這顆行星和地獄之王一樣，生活在幽暗寒冷的世界中。斯萊弗採納了這個建議。同年 5 月 1 日，他宣布新行星的名字為「普路托」。在希臘神話裡，「普路托」對應的就是「黑帝斯」，中文則譯為「冥王星」。

　　冥王星可以說是一顆非常獨特而又神祕的天體，它的許多情況目前還是未知的。現今的很多資料都是根據其他觀測發現推斷出來的。例如，它的表面溫度在 -230℃左右；組成成分還不清楚，根據其密度分析，大概與海衛 —— 樣，由 70% 岩石和 30% 冰水混合而成；大氣不甚明瞭，可能主要由氮和少量的一氧化碳及甲烷組成。而根據其他的觀測，人們推斷出冥王星的另外一些情況：冥王星與太陽的平均距離為 59 億公里，直徑約為 2,370 公里，平均密度約為 2.0 克 / 公分 3，質量約 1.290×1,022 公斤，自轉週期約 6.387 天，公轉週期約 248 年 —— 在車田正美創作《聖鬥士星矢》時，科學家們推斷冥王星的公轉週期為 243 年，所以在「冥王篇」裡，雅典娜與黑帝斯的「聖戰」也是每 243 年一次。以古代神話和天文學作為支撐的文學作品，總是難免遭遇這類事情。

　　對冥王星了解稀少，並不妨礙天文學家們對它「品頭論足」。又或者，正因為了解得少，天文學家們在做決定時，才更放得開手腳。2006 年，天文學家們決定將冥王星稱為「天行星」，他們給出數個理由：

　　自冥王星發現以來，一直流傳著這樣一個說法：冥王星的發現實際上是一個幸運的錯誤。當初研究天王星和海王星的運動時，使用的海王星質量數值是錯誤的，湯博並不知道這個錯誤，因此才仔細巡查了太陽系，最終發現了冥王星。

而湯博又錯誤地估算了冥王星的質量，這才使得它擁有了大行星的身分。如果當時使用的是「航海家 2 號」計算出的海王星質量數值，那麼質量差異就會消失，也就不會發現這顆「第九大行星」了。質量過小成為冥王星不該躋身大行星行列的「罪狀」之一。但是，公正地說，如果沒有發生這個「幸運的錯誤」，很可能在相當長的一段時間內，人們都不會投入熱情和精力，去尋找第十顆大行星了，那麼天文學上的發現和成果也就不會是現今這個樣子了。

冥王星的運行只能以「怪異」來形容。它繞太陽運行的軌道非常扁，軌道傾角有 17° 之大，有的時候它會比海王星離太陽更近。它的赤道面與黃道面交角接近 90°，因此它也和天王星一樣，是躺在軌道上運行的。運行方式也是冥王星不該成為大行星的一個理由。

此外，冥王星距離太陽非常遙遠，其周圍的太空環境可用「寒冷陰暗」來形容，這個處境和羅馬神話中住在陰森森的地獄裡的冥王非常相似，所以最終它獲得了「冥王星」這個名稱。由於太小太暗，在發現後的很長一段時間內都無法確定它的大小：發現之初，估計它的直徑是 6,600 公里，1949 年改為 10,000 公里，1950 年又修正為 6,000 公里，1959 年測得它的直徑上限為 5,500 公里，1977 年發現冥王星表面是冰凍的甲烷，按其反照率測算，冥王星的直徑縮小到 2,700 公里。1988 年 6 月 9 日，冥王星剛好運行到一顆恆星

的前面，根據恆星被遮掩的時間，天文學家們測定冥王星直徑約為 2,344 公里。2015 年 7 月，根據「新視野號」（New Horizons）傳回的資料，天文學家們推測冥王星直徑約 2,370 公里，比月球還要小，其質量也只有月球的五分之一。「身材瘦小」使得冥王星備受某些天文學家的歧視。

「新視野號」探測器

現已知冥王星擁有 5 顆衛星，最大的一顆為「冥衛一」，也是憑藉著幸運發現的。1978 年，美國天文學家詹姆斯·克里斯蒂（James Christy）在研究冥王星的照片時，偶然發現冥王星的小圓面略有拉長，經過研究查證發現這個現象是有規律地出現的，於是他斷定冥王星有一顆衛星。曾有人提議

用冥后波瑟芬妮的名字來給冥衛一命名,但它最終被定名為
「卡戎」(Charon),這是希臘傳說中冥河擺渡人的名字。有
沒有衛星曾被作為是否列入大行星行列的一個衡量標準,因
而冥衛一曾在很長一段時間內維護了冥王星的大行星地位。
但後來人們發現小行星也有衛星,於是這個標準便作廢了。
卡戎的公轉週期與冥王星的自轉週期一樣,都是 6.39 日,有
人推斷冥衛一可能是冥王星與另外一個天體碰撞的產物,就
像月球最初是地球的一部分一樣,冥衛一也是因碰撞而從冥
王星上撕裂下來的。

　　不論冥王星該不該算大行星,這顆飽受「委屈」的行星
給我們帶來了行星的新定義 ── 「行星」指的是圍繞太陽
運轉、自身引力足以克服其剛體力(能維持固體表面性狀
的力)而使天體呈圓球狀、能夠清除其軌道附近其他物體的
天體。

冥王星(右)和它的衛星「卡戎」(左)

但「冥王星降級」這個決定遭到許多人的反對，並在大眾中引起強烈反應。許多人以「有些科學家私自將冥王星劃歸矮行星」來描述這個投票事件。

關於冥王星身分問題的爭論還沒有結束。2009 年 3 月 9 日，美國伊利諾州決心挑戰國際天文學聯合會的決議。該州認為國際天文學聯合會完全由一幫「傻瓜」組成，決定將 3 月 13 日定為該州的「冥王星日」，並從這年 3 月 13 日起，恢復冥王星的行星資格。伊利諾州之所以做出這樣的決定，一是因為冥王星的發現者湯博出生於此州，二是在國際天文學聯合會做出將冥王星降級的決定時，其實只有 4% 的成員投票。

某些極具幽默感的人將冥王星的降級歸罪於「不和女神的捉弄」。事實上，正是由於這顆如今被命名為「鬩神星」的矮行星的發現，直接導致了冥王星失去大行星的資格。

自從 1930 年冥王星被發現以後，「搜尋太陽系第十大行星」就成為天文學的熱門課題。一些天文類的科普書也專門探討太陽系是否存在第十大行星。一些科學家堅信第十大行星是存在的，並稱之為「X 行星」。

科學的發展通常會促進文化的繁榮。在科學家們費盡心思尋找第十大行星之際，科幻作家們也沒閒著，很多人在自己的作品中給出了假設或猜測，例如著名的科幻作家綠楊老師就在他的科幻小說《空中襲擊者》中寫道，第十大行星的

軌道是極扁長的。科幻作家於向昕也曾在他的短篇小說《破碎的彩虹》中給出了他的推測：人們發現太陽系內根本沒有第十顆大行星，於是在本該屬於第十顆大行星的位置上建立了西納太空城，而位於冥王星軌道以外的那顆行星，其軌道面相對於地球的軌道面有個45°的夾角……

在冥王星被發現73年後，即2003年，一顆新的行星被發現了，它被冠以因紐特傳說中造物女神的名字「賽德娜」（Sedna）。發現者原本期待它能夠獲得「太陽系第十大行星」的稱號，但後來大家發現，賽德娜比冥王星還要小，因此它失去了被稱作大行星的資格。

2005年7月29日，賽德娜的發現者邁克·布朗（Michael "Mike" Brown）對外宣布，他發現了第十大行星，並暫用電視劇《西娜公主》（*Xena: Warrior Princess*）的主人公西娜（Xena）的名字為其命名。巧的是這顆行星的軌道傾斜角真的是45°，而且它的代號「Xena」正與《破碎的彩虹》（*Broken Rainbow*）中取代第十大行星位置的太空城同名 —— 音譯成中文也叫「西納」。而布朗最得意的是這個名字的縮寫「X」正好可以指代第十大行星。

經過一番爭論和研討，「西娜」這個名稱終被廢除。天文學家們採用了「厄莉絲」（Eris）這個名字來稱呼這顆新發現的天體，這是古希臘神話中不和女神的名字，中文按意譯稱為「鬩神星」。正是這位女神，無端從天上扔下個金蘋

果，挑起了眾女神的紛爭，直接導致了特洛伊戰爭的爆發。這場持續了 10 年的戰爭被荷馬以精美的語言記錄下來，寫在《伊里亞德》(*Iliad*) 中。同時，厄莉絲的衛星，原本被臨時命名為「加布里埃爾」，後來也被正式定名為「迪絲諾美亞」(Dysnomia)，這個名稱來自厄莉絲的女兒違約女神。「西娜」——「厄莉絲」終究沒能獲得「第十大行星」的頭銜，不僅如此，它還連累冥王星也失去了大行星的資格。天文學家們這回真是做了筆賠本生意。

不過，「厄莉絲」還是給大家帶來了一些驚喜，使大眾有了更多的閒談話題。比如說，在古希臘神話裡，不和女神引發了特洛伊戰爭，導致了這座歷史名城的毀滅；而在現實中，「厄莉絲」點燃了「什麼是行星」的爭論，並終於推翻了過去的天文學家們對太陽系天體的分類，導致冥王星被開除出大行星行列。

對於「厄星斯」未能擠進大行星行列，許多人都有意見，而冥王星的「降級」更是遭到了大批人士的反對和抗議。布朗在網站上說：「我們宣布新發現的比冥王星更大的天體，確實是一顆行星——文化意義上的行星，歷史意義上的行星。我不會去爭論它是否在科學理論上是行星，因為現在還沒有適合太陽系和我們文化的科學定義，所以我決定讓文化意義勝出。」

科學知識中某些定義的改變，總會影響到當今的文化和

生活，而文化中有相當一部分來源於傳統。科學知識中某些定義的改變，確實會給文化乃至生活帶來不便。人們就是在對傳統的堅持與改革中爭論著、探討著、創造著新的歷史與文化。

毀滅世界的煞星

《封神演義》俗稱《封神榜》，又名《商周列國全傳》，是明朝許仲琳創作的一部中國古代神魔小說，成書約在隆慶、萬曆年間。這本志怪小說很完整地講述了姜子牙發跡的過程：他 32 歲上昆侖山學藝，40 年後略有所成，但未能成仙，被師父元始天尊派到人世籌備封神事宜。後來他接受了周文王的禮聘，先後輔佐了文王、武王父子兩代君主，最後推翻了商紂王的統治，幫助武王姬發建立了周朝。由於在創業過程中勞苦功高，周武王將齊國的土地封給了姜子牙。「抗紂」戰爭結束後，姜子牙建壇封神——這相當於幫助玉皇大帝任命天上的官員——最後，天上人間都過上了太平日子，姜子牙也終於了卻使命，位列仙班。

看過《封神演義》的讀者都知道彗星與姜子牙有著說不清的緣分。據小說記載，姜子牙在被周文王禮遇之前，曾娶過一個老婆。姜太太的閨名《封神演義》裡沒寫，只知道老太太姓馬，所以大家就依照古時候的風俗習慣叫她「馬氏」。68 歲的馬氏初做嫁娘，很是興奮，積極地以相夫教子為己任。由於老夫妻倆沒孩子，所以她的工作重點就集中在了姜子牙身上，天天催著姜子牙「去做個正經營生」。可是姜子牙在昆侖山呆了 40 年，借助挑水砍柴練得功力高深，做生意卻是沒頭腦。一開始姜子牙覺得婚姻生活很新鮮，還肯聽

馬氏的話，出去賣賣麵粉什麼的，後來他發現自己實在不是塊做生意的料，做什麼賠什麼，就不愛出去工作了。馬氏對此很不滿，夫妻倆天天吵架，吵來吵去，老太太一賭氣，給了老頭兒一份「離婚協議書」，老兩口離婚了。沒了馬氏管束，姜子牙天天「遊手好閒」，跑到渭水河邊去釣魚。可能是在崑崙山的時候疏於練習，魚也沒釣上幾條來。不過姜子牙運氣好，「釣」上來一個周文王，不久就被當作人才，並被任命為丞相。西周建立後，姜子牙更成了齊國的國君，算是有了大出息。馬氏聽說以後，一生氣就上了吊，死了以後變作一顆帶著長尾巴的星星。姜子牙不忘舊情，封馬氏為「掃帚星」，派她天天扛著把大笤帚去打掃天街。

其實「掃帚星」只是中國民間對它的俗稱，在天文學中正式登記的名字是「彗星」。彗星屬於太陽系小天體，是太陽系中比較特殊的成員。它沿著非常扁的橢圓軌道環繞太陽運行，結構比較複雜。中間密集而明亮的固體部分叫「彗核」，是由冰凍著的各種雜質、塵埃組成的；彗核的周圍被雲霧狀的物質包圍著，這些物質叫作「彗髮」。彗核和彗髮合成彗頭，有的彗星還有彗雲。

在遠離太陽時，彗星只是個雲霧狀的小斑點；而在靠近太陽時，由於溫度升高，組成彗星的固體蒸發、氣化，進而膨脹，有時甚至會噴發，這就產生了「彗尾」。彗尾是由氣體和塵埃組成的，體積極大，可長達上億公里。它形狀各

異，有的還不止一條，一般總是向著背離太陽的方向延伸，且越靠近太陽，彗尾就越長。在地球上觀測，多數彗星看起來形如掃帚，因此彗星就有了「掃帚星」這麼一個別稱。並不是所有的彗星都有彗核、彗髮、彗尾等結構。

彗星沒有固定的體積，它在遠離太陽時，體積很小；在接近太陽時，體積變得十分巨大，彗髮會變得越來越大、彗尾變長，彗尾最長可達 2 億多公里。

彗星是個「髒雪球」。它的質量非常小，彗核的平均密度為 1 克 / 公分 3；彗髮和彗尾的物質極為稀薄，其質量只占總質量的 1% ～ 5%，甚至更小。彗星主要由水、氨、甲烷、氰、氮、二氧化碳等物質組成，而彗核則由凝結成冰的水、乾冰、氨和塵埃微粒混雜而成。

彗星繞太陽運行的軌道一般分為三類：橢圓、拋物線、雙曲線。軌道為橢圓的彗星能定期回到太陽身邊，稱為週期彗星；軌道為拋物線或雙曲線的彗星，終生只能接近太陽一次，稱為非週期彗星。週期彗星又分兩種，圍繞太陽公轉的週期短於 200 年的叫作短週期彗星，超過 200 年的叫作長週期彗星。

在古代，無論是東方還是西方，都把彗星的出現看作極為不吉利的事，認為彗星是種能夠引發恐慌的災星。古人經常以星體的運行來做占卜，這種活動稱為「星占」，在各地的星占中，中國的占星術可謂獨樹一幟，與眾不同。然而，

對於彗星的解釋，東、西方的占星術卻是不多見的統一。在《大唐開元占經》中巫咸對於彗星的解釋為「天下大亂，兵起四方」，以及「除舊布新，掃去凶殃」等。彗星一出，天下大亂，和世界末日相差無幾。這種觀念，早在周朝末年便已在中國形成，且根深蒂固，牢不可破，流傳了 2,000 多年都未曾有絲毫改變。有史以來第一次記載「哈雷」彗星回歸是在《左傳·文公十四年》中：「秋七月，有星孛入於北斗。」也就是說，彗星出現在北斗七星中，而恰好北斗七星所主的是君王的命運。因此，東周的內史叔服預言，不出七年，宋、齊、晉的國君都要死於動亂。果然，彗星出現後三年，宋昭公被宋襄夫人指使的凶手殺害。五年後，齊懿公被殺。七年後，晉靈公被趙穿殺死於桃園。這是關於彗星的極其有名的一次星占。

「哈雷」彗星

由於彗星常被看作是一種能夠毀滅世界的煞星，因此人們對它們非常重視，每當彗星出現，都會認真觀測並記錄。中國古代關於彗星的紀錄十分全面。從商朝到清代末年，保留的彗星紀錄在 360 次以上，其中有關「哈雷」彗星的紀錄就多達 32 次。西方學者經常要依靠中國古代的典籍文獻來推算彗星的運行軌道和週期，以斷定某些彗星的回歸複見。

　　彗星家族中首屈一指的「明星」非「哈雷」彗星莫屬，它是人類首顆有紀錄的週期彗星，也是人類研究得最仔細的彗星。它以英國著名天文學家愛德蒙·哈雷（Edmond Halley）的名字命名，因為他是推測出週期彗星的第一人，並預言了「哈雷」彗星將於 1758 年底至 1759 年初回歸。不過「哈雷」彗星最早及最完備的紀錄皆見於中國古代文獻。

　　1910 年，「哈雷」彗星的回歸造成世界大恐慌。當時計算出的結果顯示，「哈雷」彗星經過近日點後，彗尾將掃過地球。一些媒體故意誇大其恐怖性，有些報刊甚至散布「哈雷」彗星的尾巴帶有毒氣，因此有些人認為世界末日將來臨，某些地區竟有人因此而自殺。

　　在日本漫畫《哆啦 A 夢》中，有一篇名為〈哈雷的尾巴〉，詳細描繪了 1910 年「哈雷」彗星給日本民眾帶來的惶恐。故事是這樣的：主人公野比大雄在幫助父親收拾家裡的小倉庫時，發現了曾祖父阿吉留下的藏寶書，上面寫明到 1986 年「哈雷的尾巴」將再次襲擊地球，到時候如果遇到危

險，後代子孫可以挖掘柿子樹下埋藏的寶物，使用這個寶物
就能夠免除災難。大雄的父親當場將藏寶書傳給了野比。祖
先的藏寶書令大雄非常不安，因為 1986 年馬上就要來到了。
大雄猜測著會有什麼樣的災難降臨地球，哆啦 A 夢為了消除
大雄的恐慌，拿出了時間電視。借助這個來自未來的神奇道
具，他們看到了 1910 年還是小學生的阿吉的遭遇 —— 班主
任告訴大家，「哈雷的尾巴」即將掃過地球，屆時地球上的空
氣會被吸光。阿吉想出了用自行車輪胎貯存空氣的方法，可
是同班的兩名同學搶先把鎮上的輪胎全部買走了。大雄急欲
幫助曾祖父，便和哆啦 A 夢坐上時光機，回到了 1910 年，
把自己幼年時用過的游泳圈送給了阿吉。在他們返回時，驚
訝地看到了橫亙夜空的巨大彗星，大雄和哆啦 A 夢這才明
白，原來「哈雷的尾巴」指的是「哈雷」彗星的彗尾。在這
個故事的結尾，漫畫的作者藤本不二雄借哆啦 A 夢之口說出
了自己的感悟：過去科學知識不發達，人們對彗星了解有限，
所以才會產生這樣的恐慌。

彗星會不會給地球上的人類帶來戰爭，我們不得而知。
因為直到現在，我們仍然找不出這兩者之間的必然連繫。不
過，一些科學家正試圖將恐龍的滅絕歸因於彗星，倘若這個
觀點能夠得到證實，彗星的「災星」之名也就不算是空穴來
風了。

「恐龍為什麼會滅絕？」是一個世界之謎，許多科學家

對此提出了多種推斷，「彗星撞擊說」是其中最具影響力的一種。美國阿拉斯加大學費爾班克斯分校的古生物學教授別克‧謝普頓和墨西哥國立大學教授馬林共同提出了這樣的設想：大約 6,500 萬年前的某一天，有一顆直徑 10 公里、重達數十億噸的彗星撞在了墨西哥猶加敦半島的梅里達地區，撞出一個直徑 200 公里的隕石坑。撞擊引發的大爆炸釋放出的能量，相當於同時引爆數百枚投向日本廣島的原子彈，威力可想而知。梅里達地區猶如遭到了超級核彈的攻擊，所有的岩石全部熔成了漿水。正是這一次撞擊，導致地球上 60% 的物種滅絕，其中就包括恐龍。

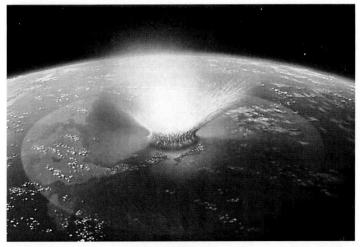

彗星撞地球假想圖

　《哆啦 A 夢》裡的長篇大冒險〈恐龍騎士〉，就引用了「彗星撞擊導致恐龍滅絕」這個假說。在這個感人的故事裡，

藤本不二雄讓哆啦Ａ夢充當了恐龍的拯救者。故事是這麼設計的：為了藏匿零分考卷，大雄央求哆啦Ａ夢拿出尋找洞穴的工具，並利用它找到了一個碩大的空洞。由於地面上的遊戲場所被占據，大雄邀請靜香、胖虎和小夫等小夥伴來到地下的空洞裡玩耍。小夫意外地在地下發現了他掉進河裡的模型飛機，一路跟隨它來到地下的一處大空場，目睹了一大群活生生的恐龍。為了揭開真相，小夫帶著攝影機再度進入地底，卻失去了蹤跡。大雄和哆啦Ａ夢根據小夫拍攝的場面了解了地下洞穴的祕密，為了找到失蹤的小夫，他倆和靜香、胖虎再次深入地下。在遭遇了吃人的河童一族，身陷危機之際，一行人被一位恐龍騎士救下。他們與小夫重逢，得知地下人全都是由恐龍進化而來的，並且已發展出高度文明。在逗留地下期間，大雄偶然發現地下人正在密謀一個名為「大遠征」的計畫，其目的似乎是為了對抗生活在地上的人類。哆啦Ａ夢欲帶著大雄等人逃回地上，卻被恐龍騎士抓回，並被帶上時間飛船，前往6,500萬年前。原來恐龍人意圖解開6,500萬年前恐龍遭受空前劫難之謎。不明白恐龍人想法的哆啦Ａ夢和大雄等人再度出逃，並借助哆啦Ａ夢拿出的「小叮噹風雲城」，在遠古設下與恐龍人對決的堡壘。正在雙方即將開戰之際，一顆巨大的彗星從天墜落，哆啦Ａ夢等迅速停止作戰，展開拯救恐龍的行動。而恐龍人也驚訝地發現，正是因為在6,500萬年前哆啦Ａ夢和大雄等人拯救了部分恐

龍，使它們轉入地底生活，才有了今天由恐龍進化而來的地下人……

　　或許我們永遠也無法發現由恐龍進化而來的智慧生命，然而，彗星撞地球這種可能性卻絕不能忽視。1994 年，「舒梅克──李維 9 號」彗星（Comet Shoemaker–Levy 9）撞擊木星，曾引起全世界轟動，也給了人們一個重要的警示：如果有朝一日彗星撞上了地球，地球的環境將遭受嚴重破壞，那時地球上所有的生物都可能如恐龍一樣，不可避免地走上滅絕之路。

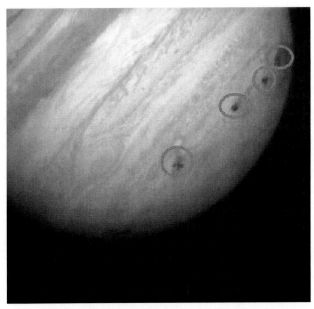

彗星撞擊木星南半球產生的褐色「傷疤」

由美國派拉蒙電影公司和夢工廠聯合製作的《彗星撞地球》(*Deep Impact*) 就是以彗星撞地球為題材的一部科幻電影。它精彩地描繪了世界末日來臨之時，人類為拯救自然物種和自身所做的種種努力 ——

在維吉尼亞里奇蒙天文實驗室裡，14 歲的里奧·貝德曼無意中發現了一顆不知名的彗星。後經科學家沃爾夫證實，這顆重約 500 兆噸的彗星的運行軌道與地球軌道相交，大約 1 年後就會與地球相撞。為了拯救地球，美國政府決定派遣由前太空人坦納船長率領的小組，駕駛由美、俄聯合製造的飛船「彌塞亞號」登陸彗星，試圖用核裝置引爆彗星，或使彗星偏離原來的軌道。但是，由於對彗星結構分析得不夠，爆炸僅使彗星分成了大小兩塊，而碎片仍然飛向地球。「彌塞亞號」則在行動失敗後與地球失去了聯繫。彗星的撞擊必然會破壞地球環境，給地球上的生命帶來致命打擊。為了使地球上的物種能夠延續，同時拯救人類自身，政府不得不啟動了「方舟」計畫，即建立一處祕密庇護所，讓植物、動物和人類的菁英在其中繁衍，並儲存了植物的種子。撞擊的日子終於到來了，第一塊小彗星以超過聲音的速度撞進了大西洋，頃刻之間紐約、波士頓、費城等地被海嘯吞沒。危急關頭，「彌塞亞號」幾經波折又與地球取得了聯繫，太空人們毅然啟動核裝置，義無反顧地衝向隨後而來的大彗星塊。人類最終得以拯救。

事實上，在現實生活中，為了預防彗星撞地球，各國科學家們提出了許多方案，《彗星撞地球》裡提到的就是其中一個。但所有的方案都有賴於一點，那就是先要發現那些對地球「心懷不軌」的彗星。因此，尋找和觀測彗星成為人們關注的焦點。2002 年 2 月 1 日晚，天文愛好者張大慶在開封市柳園口黃河大堤上用自製的天文望遠鏡發現了一顆新彗星。這是第一次由天文愛好者獨立觀測發現的彗星。為了表彰張大慶的發現，這顆彗星被命名為「池谷─張」彗星（153P/Ikeya–Zhang），這也是首次以中國人命名的彗星。後經觀測計算得出，該彗星公轉週期為 366.51 年。據中國江蘇吳江縣誌記載，1661 年 2 月 2 日，曾有一顆異常壯觀的彗星出現在夜空中，有學者認為這是「池谷─張」彗星的上一次回歸，這個說法後來得到了證實。2008 年 2 月 2 日，天文愛好者、江蘇省蘇州市盤門風景區解說員陳韜和新疆烏魯木齊市第一中學物理老師高興，又發現了一顆新彗星，國際天文聯合會以發現者的姓氏將這顆彗星命名為「陳─高」彗星……在天文學家和天文愛好者們的共同努力下，越來越多的彗星被發現。科學家們正密切關注著它們，以找到「心懷不軌」的那一顆。

來自太空的焰火

　　法國貴族德‧儒韋爾夫婦在奧韋涅的沃爾尼城堡招待賓客。8 月 13 日這天，德‧儒韋爾夫人請來了她的女友——著名演唱家伊莉莎白‧奧爾南。參加午宴的除了伊莉莎白，還有三對年輕夫婦、一位退休的將軍以及讓‧德‧埃勒蒙侯爵。侯爵是伊莉莎白的戀人，他們約定，等伊莉莎白和丈夫離婚後就舉行婚禮。眾人並不知道侯爵與伊莉莎白的關係，只注意到她脖頸上戴著絕美的項鍊。這條由鑽石、紅寶石、純綠寶石雜亂地串在一起的項鍊流光溢彩，熠熠生輝。其實，這是德‧埃勒蒙侯爵的財產，為了表示他的愛慕之心才讓伊莉莎白佩戴的。伊莉莎白聽到人們稱讚她的項鍊，感到很不安，遂告訴大家這些珠寶是仿造的。

　　午飯後，德‧埃勒蒙侯爵找了個機會，將伊莉莎白帶到一邊說起了悄悄話，其他賓客則聚在女主人周圍。在德‧儒韋爾夫人的帶動下，客人們一致要求伊莉莎白為他們演唱一曲，伊莉莎白想方設法推脫，可是終究敵不過眾人的熱情。

　　人們都坐在平臺上，一個凹形的花園從他們腳下伸展開去，花園盡頭是一些小土丘，上面零星分布著古城堡、塔樓、角堡和小教堂的廢墟。伊莉莎白決定遵從人們的意願，選定在廢墟上演唱。德‧埃勒蒙侯爵將她送到廢墟腳下。

　　大家看見伊莉莎白獨自一人登上陡峭的階梯，站在一

個像基座的土丘上,而德·埃勒蒙侯爵從凹形花園裡踅了回來。當伊莉莎白縱聲歌唱時,德·儒韋爾夫婦和賓客們都聚精會神地傾聽。城堡裡的僕人、僱工,緊挨著莊園圍牆的田莊員工,還有附近村子的十來個農民,也都聚在門口和灌木叢角落裡,如癡如醉地聽著。每個人都覺得這一刻美妙無比。

然而,災禍突然降臨了,曼妙的聲音戛然而止,在圍有柵欄的平臺上歌唱的伊莉莎白突然倒了下去。大家爬上那高處的平臺,發現伊莉莎白已躺在地上了無生氣。她袒露的肩頭和胸口有幾處傷口,鮮血汨汨直流。同時,眾人也發現了件不可思議的事情——她那絕美的項鍊不見了!

警方圍繞伊莉莎白的死亡立即開展了調查。無可爭議,這確實是一起凶殺案。但是,沒有發現凶器、彈頭,也沒有抓到凶手。42 個目擊者當中,有 5 人肯定地說看到什麼地方發出一道光。可是發光的方向和地點,5 個人卻說法不一。另外,有 3 人聲稱聽到了沉悶的槍響,其他 39 人卻什麼也沒聽到。在歌唱家倒在地上的時候,幾個在城堡最高一層觀看的僕人,眼睛一直沒有離開她和那個土臺,土臺背後是懸崖絕壁,從那裡是無法上下的。

警方的調查毫無結果,不久就草草收場了。這樁案件被掛了起來,只有從巴黎來的年輕員警戈熱萊依然執著地追查著,希望獲知真相。

15 年後，著名的大盜兼私家偵探亞森‧羅蘋（Arsène Lupin）聽說了這件奇案，千方百計地結識了已落魄的德‧埃勒蒙侯爵，並從他嘴裡打聽到事發時的一些細節。羅蘋在案發現場找到了一塊核桃大小的圓石子，上面凹凸不平，坑坑窪窪，稜角都被高溫燒平了，表面留有一層黑亮的釉質。他把這塊石子送到一家實驗室，科學家在石子表層發現了碳化的人體組織碎片。憑著這塊石子，羅蘋給出了令人吃驚的結論──凶手是「英仙座」。原來，伊莉莎白死於英仙座流星雨的襲擊，她是被高速墜落的隕石砸死的。而那條項鍊，在演唱前被她藏在了小路旁邊的花盆裡。

　　《英仙座凶殺案》是法國著名推理作家莫里斯‧盧布朗（Maurice Leblanc）的名作，原本是《雙面笑佳人》（*The Woman with Two Smiles*）中插敘的一個小案子，後來在某些國家被改編為短篇推理小說發表。在盧布朗生活的年代，像這樣以天文學知識為基點的推理小說極為稀少，而這部作品卻以它的嚴謹性和奇詭結論為大眾所稱道。

　　在文化傳統中，歷來都把看見流星當作一種好運氣，並認為向流星許的願十分靈驗，一定可以實現。這個風俗在西方尤其流行。而盧布朗卻偏反其道而行之，不但將來自英仙座的流星安排成「凶手」，還使其成了致使德‧埃勒蒙侯爵與伊莉莎白陰陽相隔的「罪人」。在小說裡，亞森‧羅蘋以這樣的話語來提示人們正視流星：「每天有成百萬上千萬這樣的

石頭，如火流星、隕石、隕星、解體的行星碎片等，以極快的速度穿過太空，進入大氣層時發熱燃燒，落到地球上。每天這樣的石子有好多噸。這樣的石子人們拾到過幾百萬塊，大大小小各種形狀都有。只要其中一枚偶然擊中一個人，就會引起死亡，無緣無故，有時不可思議地死亡。」

在解釋他的破案過程時，亞森・羅蘋說道：「這顆隕石，我相信最初調查的警察也看見了，只是他們沒有留心……這顆隕石在這裡無可爭議地證明了事實。首先，是慘案發生的日子，8 月 13 日正處在地球從英仙座流星群下經過的時期。而我可以告訴你們，這個日子是我首先想到的一點理由……這種隕石雨雖然一年到頭都有，但在一些固定的時期尤為密集。最著名的就是 8 月分，確切地說，8 月 9 日至 14 日這段時間的隕石雨似乎來自英仙座。『英仙座流星群』也由此得名，它指的就是 8 月分這段時間的流星群。我戲稱英仙座是殺人凶手，原因也在這裡。」

拋開傳統文化，而以較為科學的眼光來審視《英仙座凶殺案》，亞森・羅蘋無疑是正確的。他所提到的「成百萬上千萬這樣的石頭」，在未進入地球大氣層的時候，被科學家們稱作「流星體」。它們是環繞太陽運行的微小天體，通常包括宇宙塵粒和固體塊等空間物質，其軌道千差萬別。流星體在接近地球時由於受到地球引力的攝動而被地球吸引，從而進入地球大氣層，並與大氣摩擦燃燒產生光跡，這就是「流星」。

沿同一軌道繞太陽運行的大群流星體稱為「流星群」。一大群流星體闖入地球大氣形成的特殊天文現象，就是「流星雨」。這些成群的流星看起來像是從夜空中的一點迸發出來，並墜落下來，這一點或一小塊天區叫作流星雨的輻射點。

　　流星群是由週期性彗星分解出來的或由瓦解了的彗核所形成的物質，所以流星群和其母體彗星有大致相同的軌道。由於流星群的軌道通常都是固定的，所以地球會週期性地穿越這些流星群，形成固定出現的流星雨。為區別來自不同方向的流星雨，通常以流星雨輻射點所在天區的星座給流星雨命名。

流星雨

　　著名的流星雨有每年 4 月出現的天琴座流星雨、5 月的寶瓶座流星雨、6 月的牧夫座流星雨、8 月的英仙座流星雨、10 月的天龍座流星雨、10 月底至 11 月初的獵戶座流星雨、

11 月中旬的獅子座流星雨以及 12 月的雙子座流星雨等。其中，形成寶瓶座流星雨和獵戶座流星雨的就是有名的「哈雷」彗星。英仙座流星雨在每年 7 月 17 日到 8 月 24 日這段時間出現，幾乎從來沒有在夏季星空中缺席過，它的母體彗星名為「斯威夫特・塔特爾」(Comet Swift–Tuttle)。英仙座流星雨來臨時，流星數量眾多且時值夏季，因而它成為最適合非專業人士觀測的流星雨。1992 年，斯威夫特・塔特爾彗星通過近日點前後，英仙座流星雨大放異彩，流星數目達到每小時 400 顆以上。值得一提的是，每年 12 月分出現的雙子座流星雨，其母體是小行星「法厄同」(3200 Phaethon)，這是唯一的一場非彗星母體的流星雨。

「法厄同」是已命名的小行星中最靠近太陽的行星，其軌道看起來更像彗星而不像小行星。天文學家們認為，這顆小行星可能是燃盡的彗星的「遺骸」，它造就的雙子座流星雨被稱為一年中最為穩定、最為絢麗的流星雨，其峰值可達每小時上百顆。

不過，最令人驚奇、最難以忘懷的當屬仙女座流星雨。仙女座流星雨也被稱作「比拉流星雨」，是由「比拉」彗星(Biela's Comet)在運行中發生分裂乃至瓦解、崩潰而形成的。仙女座流星群是最著名的流星群之一，11 月中旬出現，20 ～ 23 日最多，它的輻射點在仙女座 γ 星附近。

比拉彗星是 1772 年 3 月 8 日由法國的梅西耶 (Charles

Messier) 發現的。1805 年 11 月 10 日，它第二次回歸時，法國的龐斯（J. L. Pons）又一次發現了它。1826 年 2 月 27 日，德國的懷赫姆·比拉（Wilhelm Biela）再次發現了這顆彗星，並且憑藉著這次發現後該彗星被觀測的天數長於前兩次，比拉獲得了這顆彗星的命名權。此後，它就被稱為「比拉」彗星了。1832 年 9 月 24 日，在它回歸的時候，赫雪爾又重新找到了它。

1846 年 1 月 13 日，馬特盧·毛利（Matthew Maury）報告說「比拉」彗星分裂成了兩個。觀測者們說，兩顆彗核正在緩慢地分離。到這年 3 月分時，兩顆彗核之間的距離已達到了 257 萬公里。義大利觀測者色齊（Father Secchi）在 1852 年 8 月 26 日觀測到回歸的「比拉」彗星，但直到 9 月 25 日才觀測到分裂出來的那一顆彗星。這也是人們最後一次看到「比拉」彗星。

1872 年 10 月 6 日，「比拉」彗星經過軌道近日點。儘管天文學家們努力搜尋，卻沒有發現它的蹤跡。11 月 27 日夜裡，在歐洲和北美洲的許多地方都看到了一場盛大的流星雨，流星從仙女座向四周輻射出來，猶如一場經久不息的焰火，歷時達 6 小時。從輻射點共輻射出大約 16 萬顆流星，高峰時每小時就有數萬顆。當時正是地球穿過「比拉」彗星軌道的時候，因此天文學家們認為「比拉」彗星已經瓦解了。組成彗星的小塊和塵埃在瓦解過程中，一路散落在「比拉」

彗星的橢圓軌道上，形成了仙女座流星雨。仙女座流星雨在
19 世紀仍每年可見，但現在變得微弱，幾乎不可見。

隕鐵

　　流星雨是來自太空的璀璨焰火，其形成的根本原因是彗
星的破碎。大部分流星體在進入大氣層後都會燃燒殆盡，只
有少數大而堅實的流星體才能因燃燒未盡而有剩餘固體物質
降落到地面，這就是隕星，人們通常也稱其為「隕石」。隕
石中含有多種礦物岩石，如果其中的主要成分為鐵元素，則
被稱為「隕鐵」。近年來還發現隕石中存在有機物。

　　目前絕大多數天文學家認為，流星雨的質量都很小，在
進入大氣層後，大部分會在與空氣的摩擦中燃燒掉，因而流
星雨一般不會對生活在地面上的人造成直接危害，更不會影
響人們的日常生活。然而，我們還是不能掉以輕心——地球
上有許多隕石坑，它們是隕石撞擊的產物。美國科幻片《世

界末日》（*Armageddon*）在「預防隕石襲擊」這個話題上，為我們敲響了警鐘：

一座太空空間站突然被摧毀，與地面失去了一切連繫。美國太空總署的工作人員緊張而又焦急地檢查著各種儀器，其中一人透過雷達顯示幕發現有一大群不明物體向紐約飛去。

此時，繁華而忙碌的紐約市內沒人知道災難已然降臨。一個黑人小夥子正與賣玩具的胖老闆吵架，一個火球從天而降，正好在胖老闆頭上炸開，黑人小夥子也被衝擊波掀起掛在大樹上，驚惶地哭喊道：「有炸彈，快報警！」其後，越來越多的火球向紐約飛來，市區街面頃刻間成為一片火海，人們四處逃竄。

位於休士頓的太空總署很快得出了結論，這是一場大規模的隕石雨，破壞力極強。而不久他們發現，隕石雨只不過是前奏而已，太空望遠鏡傳回的最新照片顯示，一顆直徑有德州大小的隕石正向地球飛來，18 天後將撞擊地球。

科學家們緊急磋商，尋求解決辦法。太空總署負責人卡爾提出了唯一的解決辦法，就是讓飛船在隕石上著陸，並讓專業人員在隕石上鑽一個 800 公尺深的洞，放入核彈，炸碎它或是改變它的飛行軌道。

哈利被稱作「最好的石油鑽探工人」，他既是油田老闆，也是最有經驗的鑽探師。在鑽井最忙碌的時分，他發現

手下最得力的青年工人艾吉正在與自己的寶貝女兒麗絲纏綿，不由得怒火中燒，拔槍相向。艾吉一邊躲閃一邊強調自己是真心愛著麗絲的，麗絲也跑過來央求父親。正在三個人鬧得不可開交的時候，幾架直升機落在油田平臺上，幾名軍人從直升機裡跳出帶走了哈利。

在太空總署，卡爾把一切向哈利和盤托出，並告訴哈利，隕石與地球一旦相撞，世界各國和地球萬物將遭受毀滅性的打擊，連細菌也不能倖免。就算隕石落入海中，掀起的滔天巨浪也足以吞沒大半個世界，人類也會因撞擊所產生的高溫而死去。

哈利和艾吉一同接受了太空總署的訓練，乘坐飛船進入了太空。飛船在俄羅斯空間站補充了燃料和水，一位俄羅斯太空人也加入了拯救地球的行列。兩艘飛船向既定的目標飛去。然而，在接近巨大隕石的過程中，他們遭受了隕石雨的襲擊。風暴過後，他們沮喪地發現引爆核彈的遙控器失靈了，要想完成任務，唯一的辦法就是留下一人用手按下引爆裝置按鈕。有人提議抽籤來決定留下的人選。不幸的是，那根致命的籤被艾吉抽到了，他自嘲地說：「想不到我成了拯救地球的英雄。」又請哈利轉告麗絲，自己永遠愛她。

就在飛船即將飛離隕石的一瞬間，哈利猛地拉開艙門跳了出去，一把將艾吉推入飛船，並從外面關嚴了艙門，他隔著艙門對艾吉說：「我一直把你當作兒子看待，替我照顧好

麗絲。」

　　飛船遠遠地飛離了隕石。哈利透過衛星通訊系統與女兒永訣之後按下了引爆按鈕。全世界的人們都看到天空中出現了一道奇麗的光環，隨即隕石被炸成兩段，改變了飛行軌道，與地球擦肩而過。

　　這部經典的科幻災難片除了歌頌拯救地球的英雄人物外，還不忘諄諄告誡人類：地球曾一度是恐龍的棲身之地，但一塊天外巨石改變了一切，造成了地球上恐龍的滅絕。這事以前發生過，現在或將來也許還會發生。

　　所以，下次如果你再看見流星的話，先別忙著許願，而是要誠懇地告訴它們：我們喜歡流星雨，可是比起茫茫宇宙來說，人類太渺小、太脆弱，還承受不住巨大流星體的攻擊。

太陽系外水晶天

　　在遙遠的未來，太空人約書亞結束了長時間的休眠，到西西里高原一帶進行適應新環境的活動，他發現最近一次冰河期已使地貌改變了許多。這時他的妻子愛麗絲前來找他，告訴他遠端探測器發現了一顆適宜人類移民的星球，並邀請他參加探險隊。約書亞欣然應允，即刻跟隨愛麗絲飛往建在冥衛上的探索外太空的基地。看著太陽系邊緣光彩奪目的碎冰塊，約書亞不禁想起了 1 萬年前的事。

　　那時候，地球人剛剛開始進行星際航行，成千上萬的男女登上了堪比諾亞方舟的飛船，準備進行星際移民。然而，第一艘到達太陽系邊緣的飛船「探索者號」在穿越歐特雲區時，與太陽系水晶天的內層相撞，使得水晶天破裂，地球也因此遭到了千億顆彗星的襲擊。而「探索者號」的這一撞，也揭開了困擾人們很多年的一個問題 —— 為什麼迄今為止我們沒有發現外星人？因為我們的太陽系被包裹在水晶天當中。水晶天猶如一道屏障，將外星系的智慧生命隔絕在太陽系外。

　　經過兩個多世紀的奮戰，地球上的人類終於在對彗星的戰鬥中取得了決定性勝利，重新建造出星際飛船，開始了太空探索。太空人們發現，每個擁有高級生命的類地行星都有水晶天保護。幾艘飛船試圖突破水晶天與外星文明交流，卻都被看不見的水晶天毀滅了。幾經考察和探索，地球人意識

到調製的光束和無線電波，以及任何形態的智慧生物，都不能從外部穿越水晶天，只能徘徊於水晶天外，傾聽從內部逃逸出來的來自另一個文明的無線電波。

無法與其他文明交流的絕望籠罩了地球人類，他們開始詛咒水晶天的存在，被稱為「深層空間人」的太空人大幅減少，到如今連約書亞在內只剩下了 12 人……

伴隨著約書亞的回憶，探險隊乘坐的「比林娜號」飛船接近了新發現的行星。這顆適宜地球人移民的星球名叫「雕塑家」，位於附近的小銀河系。經過探測，飛船上的科學家們一致認為小銀河系是個環境宜人的星系，可是星系內空空如也，儘管動植物生機勃勃，卻沒有一種智慧生物。探險隊在星系內的一顆行星上安頓下來，給這顆行星起名為「探索」，以紀念「探索者號」所完成的豐功偉績。他們花了 1 年的時間，對這個星系進行勘探和調查，並開始著手改進從地球帶來的植物，以使之融入這顆行星的生態環境。

在這同時，考古學家們也開始挖掘廢墟，探索這個行星原住居民過去的生活。地球移民們了解到，原先在這裡的居民自稱為「納塔拉爾人」，長相與地球人很相似，雙足、九指、外貌古怪。他們也撞破了自己星系的水晶天，並且經歷了隨後的彗星襲擊。

在約書亞和愛麗絲的第一個孩子出生後不久，首席語言學家加西亞‧卡頓納斯憑藉一塊新發掘出來的方尖碑，破解

了納塔拉爾人的祕密，這也是這個宇宙的一大祕密 —— 為什麼每個繁衍出智慧生命的星系外面都會包裹著一層水晶天。

原來，納塔拉爾人也發現了水晶天只能從內部突破，但他們仍堅持不懈地尋找可移民的行星，以及宇宙間的智慧生命。某天，他們的遠端探測器發現了 5 顆適合移民的星球，並找到了比他們更為古老的拉普克倫諾民族遺留下的文明痕跡，他們從中領悟到，此時此刻人類進軍宇宙的目的是擴大移民地，但總有一天，人類生存的主要目的會改變，人們不再會執著地不斷擴大生存空間，相反，將會越來越感到孤獨。然而，在人類尚在追求盡可能多的移民星球時，不同星系間很可能會爆發戰爭，而水晶天的隔阻有效地保護了未能發展出星際航行技術的種族，給宇宙保存了更多的智慧生命。想通這一切的納塔拉爾人集合整個種族，向黑洞進發，現今他們正在黑洞的視界裡沉睡著⋯⋯

這篇名為《水晶天》的短篇科幻小說是美國科幻作家大衛・布林（David Brin）的代表作。作者大衛・布林，1950 年 10 月 6 日出生於美國加利福尼亞州，他不僅是一位科幻小說家，還是一位物理學家，有著空間科學博士的頭銜。作為一部榮獲「雨果獎」的名作，《水晶天》不單在科幻構思上有其獨到之處，在哲學方面的探討也極具功力。

不過《水晶天》最為人稱道之處，還在於大衛・布林對籠罩著太陽系的「水晶天」的設計 —— 它如此明顯地帶有文

化與哲學方面的象徵色彩,所以無法將其看作是作者單純地對自然的猜測或思考。

2013 年 9 月,美國的科學家們在確認「航海家 1 號」(Voyager 1) 探測器已經飛出太陽系之後終於確信,在太陽系邊緣,至少在「航海家 1 號」行經的路程內並不存在「水晶天」。因為已經飛出太陽系的「航海家 1 號」並未撞到小說中提到的那層水晶外殼。既然這層由科幻小說家設計出來的太陽系屏障實際並不存在,那麼「太陽系的邊界究竟在哪裡?」也就依然是一個難以準確回答的問題。通常說來,太陽系的邊界其實就是太陽的作用可以波及的最遠距離,但無論是以太陽風、太陽發出的光或太陽自身的引力作為衡量標準,都很難找到一個明確的界限。

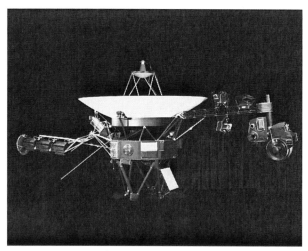

「航海家 1 號」探測器

傳統意義上的太陽系邊界半徑範圍有幾種：其一是以冥王星軌道為邊界，半徑約為 40 天文單位；其二是以古柏帶為邊界，半徑為 50～1,000 天文單位；其三是以歐特雲為邊界，該歐特雲距離太陽約 50,000～100,000 天文單位，最大半徑近 1 光年；第四種是以太陽風頂層為界，半徑為 100～160 天文單位；而以理論計算得到的太陽系引力半徑範圍為 15 萬～23 萬天文單位。哈佛大學史密森天體物理研究中心的天文學家布萊恩‧馬斯登（Brian Marsden）曾表示，不少天文學家認為「太陽系真正止步於海王星」，而冥王星只是一塊較大的原始殘骸。但法國尼斯天文臺的天文學家布雷特‧格萊德曼則說：「當我檢查我們的資料時，我認為並沒有真正有關邊界的證據。」

　　古柏帶最早是美籍天文學家古柏為解釋海王星的軌道變化而提出的一種假說。這個假說認為，在海王星軌道以外的太陽系邊緣地帶充滿了微小冰封的物體，它們是原始太陽星雲的殘留物，也是短週期彗星的來源地。1992 年，人們找到了第一個古柏帶天體，它被命名為「1992QB1」，並被當成這類天體的原型。如今已有約 1,000 個古柏帶天體被發現，直徑從數公里到上萬公里不等，古柏帶的存在也因此得到了確認，並被形容為「位於太陽系的盡頭」。近些年來發現的鳥神星（Makemake）、妊神星（Haumea）和創神星（Quaoar）等，都被歸為古柏帶天體。許多天文學家認為，由於冥王星

的個頭和古柏帶中的小行星大小相當，所以冥王星應該被排除在太陽系大行星之外，而歸入古柏帶小行星的行列當中，冥王星的衛星則應被視作其伴星。

有關古柏帶的形成，之前提出過的幾個理論都存在明顯的不足。最新提出的理論認為，古柏帶天體是在距離太陽更近的位置成形後，又被海王星一個個甩出去的。不過，大多數天文學家都認為，古柏帶包含有許多微星，它們是來自環繞著太陽的原行星盤碎片，因為未能成功地結合成行星，因而形成較小的天體。

除了古柏帶以外，另一個「彗星基地」也被當作太陽系的邊界，這就是「歐特雲」（Oort cloud）。這個名稱源自荷蘭天文學家歐特（Jan Oort）提出的一個假說：在冥王星軌道外面存在著一個碩大無比的「冰庫」，或說是一個巨大的「雲團」，它一直延伸到離太陽約 22 億公里遠的地方，太陽系裡所有的彗星都來自這個雲團。由於 1932 年奧匹克（Ernst Öpik）也曾提出過類似觀點，所以歐特雲也被稱為「歐特—奧匹克雲」。天文學家普遍認為歐特雲是 50 億年前形成太陽及其行星的星雲殘餘物質，包圍著整個太陽系。

從這個假說提出直至今日，只有編號為「90377 號」的小行星被認為可能是歐特雲的天體，因為其軌道介於 76 ～ 850 天文單位之間，比預計的軌道接近太陽，有可能來自歐特雲的內層。但是，從觀測得出的彗星軌道推斷，不少彗星都是

從歐特雲進入內太陽系的，這些彗星的軌道半徑均為 3 萬～10 萬天文單位。

關於歐特雲形成的假說，人們廣為接受的是：組成歐特雲的天體其實是在比古柏帶更接近太陽的地區形成的，與其他行星及小行星相似，但是由於它們經常被大行星的引力影響，諸如木星等天體的強大引力將它逐出太陽系內部，使它們擁有橢圓或拋物線狀的軌道，散布於太陽系的最外層。同時，這個過程也使得它們的軌道偏離黃道面，並使其組成的歐特雲呈球狀形態。科學家們認為，太陽外的其他恆星也會有自己的歐特雲存在。如果兩顆恆星的距離較近，它們的歐特雲會出現重疊，導致圍繞一顆恆星公轉的彗星進入另一個恆星系的內部。

美國太空總署確認「航海家 1 號」已飛出太陽系，所用的衡量標準是日球層頂。太陽和太陽風影響的區域叫作「日球層」。日球層頂，也稱為太陽風層頂，是天文學中表示出自太陽的太陽風遭遇到星際介質而停滯的邊界。星際介質是恆星之間的區域含有的大量彌散氣體雲和微小固態粒子。太陽風在星際介質內吹出的氣泡被稱為「太陽圈」，其氣泡的邊界通常被稱為「日球層頂」，並且被認為是太陽系的外層邊界。由於日球層內外壓力不同，所以日球層存在類似於磁層的結構。「航海家 1 號」的這趟行程也使得人們確切地知道，日球層頂半徑為 120 天文單位，厚度為 0.5 天文單位。

單就這兩個資料看，日球層頂倒是跟「水晶天」頗有相似之處。

那麼，來自地球的太空船飛出太陽系之後會遇到什麼？科幻作家們也給出了不少猜測。在描寫無人飛船遭遇的作品裡，《星艦迷航記》（*Star Trek*）的第一集《星艦迷航記》（*Star Trek: The Motion Picture*）極具代表性。在這部電影中，美國於 20 世紀中葉發射的「航海家 6 號」飛船在飛出太陽系後，孤獨地流浪了 300 多年，了解到許多關於宇宙的知識，並進化成為巨大的生命體，自名「威奇」。威奇欲飛返太陽系尋找其製造者，多虧「進取號」飛船的全體船員通力合作，以及代理船長麥克的勇於獻身，才制止了地球被威奇攻擊的災難。

比起無人飛船，載人飛船的遭遇更為慘烈，也更為撲朔迷離，但看起來似乎殃及地球的可能性稍微小一些。《撕裂地平線》（*Event Horizon*）就是這類電影的代表。

電影開篇即講述了有史以來最嚴重的太空災難的發生，即人類於 2040 年發射的載人宇航器「新領域號」在掠過海王星表面之後徹底失蹤。7 年後「新領域號」再度出現在海王星上空某區域……故事由此展開：2047 年，「新領域號」的設計和製造者比利・韋爾博士接到美國太空指揮總署的通知，登上「俠侶號」太空船前去調查「新領域號」上發生的情況。在經歷了一系列凶險之後，「俠侶號」的船員們終於登

上「新領域號」，並破譯了已經遇難的「新領域號」船員留下的遺言：「拯救你們自己，脫離地獄。」韋爾向大家解釋了「新領域號」引力推進器的原理：「新領域號」採用擋磁場，把引力束集中起來，使時空彎曲折疊，從而產生一個奇點，以此打開一條時空通道。然而韋爾和船員們發現，在穿越了黑洞之後，「新領域號」已進化為一種極端殘忍的智慧生命，可以操縱船上的船員去殺害同伴。最後「俠侶號」的船長不得不把「新領域號」炸掉，以掩護另外三位同伴逃回地球。事實上，這部科幻電影在不少情節的設置上，借鑑了傳說中的「費城實驗」裡的細節，是一部指控人類盲目進行新技術實驗的作品。

　　太空船或探測器在飛出太陽系後真能進化成為智慧生命嗎？以我們目前掌握的知識來判斷，我們只能說「無法確定」。不過，可以確定的是，我們不能總是生活在太陽系這個大搖籃裡，只有衝破太陽系邊緣的那層「水晶天」，才能真正邁向太空，邁向人類的未來。

超級能量大爆發

　　布魯斯‧班納從小孤苦無依，長大後他成為美國伯克利一所建在沙漠裡的實驗室的科學家，專職從事生物學的研究工作。他的同事貝蒂是羅斯將軍的女兒，二人在工作中產生了感情，成為戀人。雖然事業還算順利，與女友也相處得不錯，但布魯斯總覺得生活不那麼美滿 —— 他始終記不起從前發生了什麼。在一次試驗中，同事哈波發現伽馬射線裝置出了問題，布魯斯進入發射通道查看，正在此時伽馬射線被以最高射線量發射，布魯斯暴露在致命的伽馬射線之下。然而，這次意外事故卻喚醒了布魯斯體內的神祕力量，從此之後，每當他情緒激動，異常憤怒時，就會失去自我意識，變身成「綠巨人」，並且同時具有超強的破壞力和抗拒意志。

　　自從布魯斯發生事故後，一位神祕人就出現在他的身邊。原來這個神祕人就是布魯斯的父親大衛‧班納，他曾是美軍的科學研究專家，希望透過改造人類的基因來獲得超級戰士。在用自己的身體做過試驗後，大衛‧班納和妻子艾迪絲生下了布魯斯。當他發現布魯斯遺傳了他的非正常基因後，曾想要殺死他，卻在爭執中失手殺死了妻子，這就是布魯斯始終無法記起的往事。大衛知道有人想利用布魯斯的力量謀取暴利，而美國軍方卻想要徹底摧毀綠巨人。為了保護兒子，大衛用伽馬射線照射自己，獲得了融入任何物體的能力。

妄想取得綠巨人的細胞做分析的蓋倫希望激怒布魯斯，使他變成綠巨人，但這個過程卻無意中喚醒了布魯斯的幼年記憶。布魯斯變身為綠巨人，在美軍地下基地裡橫衝直撞。大衛進入基地與兒子談話，之後毀壞了軍方的設施，自己也死於軍方的伽馬彈。綠巨人逃進了沙漠中……

「綠巨人浩克」是美國漫畫大師史丹·李（Stan Lee）及漫畫家傑克·柯比（Jack Kirby）創造出來的超級英雄，最早於 1962 年在漫畫中登場，後來這一系列科幻漫畫被改編為電視劇。2003 年，知名華人導演李安執導了《綠巨人浩克》（Hulk）這部電影，並獲得了極大的成功。

故事中，使班納變身為綠巨人的「藥引」是伽馬射線，又稱為伽馬粒子流，是原子核能級躍遷時釋放出的射線，屬於波長短於 0.2 埃的電磁波。伽馬射線比 X 射線能量還要高，有很強的穿透力，在工業中可用於探傷或流水線的自動控制。由於伽馬射線對細胞有較強的殺傷力，故而在醫療上被用來治療腫瘤。

在天文學界，伽馬射線爆發被稱作「伽馬射線暴」（Gamma Ray Burst），縮寫為 GRB，是來自宇宙中某一方向的伽馬射線強度在短時間內突然增強，隨後又迅速減弱的現象，持續時間在 0.1 ～ 1,000 秒，輻射主要集中在 0.1 ～ 100 兆電子伏的能段。

伽馬射線暴最早發現於 1967 年。當時，美國軍方發射了

「薇拉」人造衛星（Vela Satellite），用於探測核閃光（核爆炸的光輻射）。然而，「薇拉」人造衛星沒有識別出核閃光，卻發現了來自太空的強烈射線爆發。這個發現最初在五角大樓引起了一陣惶恐，美國政府懷疑這是蘇聯在太空中測試了一種新的核武器引起的。後來人們發現，這種現象是隨機發生的，並且來源不是地球，而是宇宙空間，美國高層這才稍稍放下心來。

由於軍事保密等因素，「薇拉」人造衛星的這個發現直到1973 年才對外公布。天文學家們對伽馬射線暴這種現象感到十分困惑：伽馬射線暴持續的時間很短，而且亮度變化也是複雜而無規律的。但它所放出的能量卻十分巨大，在若干秒內放射出的伽馬射線能量相當於幾百個太陽在其一生中所放出的總能量，甚至可以和宇宙大爆炸相提並論，可說是超級能量的大爆發。

在太空中產生的伽馬射線多由恆星核心的核聚變產生，因為無法穿透地球大氣層，因此無法到達地球的低層大氣層，只能在太空中被探測到。

伽馬射線暴可以分為兩種截然不同的類型，時間短於 2秒的為「短暴」，長於 2 秒的為「長暴」。長久以來，天文學家們一直懷疑它們是由兩種不同的原因產生的。

至今人們已經觀測到了 2,000 多個伽馬射線暴。長暴被普遍認為是「超新星的類似物」，代表著 50 ～ 100 倍於太陽

的恆星的毀滅性爆發。當這樣一顆龐大的恆星爆炸時，它會留下一個黑洞，並將這個訊息以伽馬射線的形式掃過宇宙。1998 年發現的伽馬射線暴「GRB 980425」與一個超新星「SN Ib/Ic 1998bw」相關聯。這是一個重要的發現，暗示了伽馬射線暴的成因可能是大質量恆星的死亡。2002 年，英國的一個研究小組研究了由「XMM—牛頓」衛星對 2001 年 12 月的一次伽馬射線暴的長達 270 秒的 X 射線餘暉的觀測資料，發現了伽馬射線暴與超新星有關的證據，並發表在當年的《自然》雜誌上。進一步研究發現，普通的超新星爆發有可能在幾週到幾個月之內導致伽馬射線暴。

短暴則更讓人迷惑，它們的起落時間非常短，因而不會是超新星爆發形成的。許多研究者認為，它們是由兩顆超緻密的中子星（一種介於恆星和黑洞的星體，密度非常大），或者是一顆中子星與黑洞（一種引力場非常強的天體，就連光也不能逃脫）碰撞產生的。自 2011 年以來，「雨燕」太空望遠鏡每年可以捕捉到 10 次短暴，為天文學家們的研究提供了非常寶貴的資料來源。如今天文學家們認為，存在兩種不同的伽馬射線暴，其原因可能與爆發恆星不同的磁場特性有關。

伽馬射線暴過後會在其他波段觀測到輻射，稱為伽馬射線暴的「餘暉」。根據波段不同可分為 X 射線餘暉、光學餘暉、射電餘暉等。餘暉通常是隨時間而呈指數式衰減的，X

射線餘暉能夠持續幾個星期，光學餘暉和射電餘暉能夠持續幾個月到一年。

伽馬射線暴

　　為了探究伽馬射線暴的成因，兩位天文學家展開了一場大辯論。

　　1970 ～ 80 年代，人們普遍相信伽馬射線暴是發生在銀河系內的現象，推測它與中子星表面的物理過程有關。然而，波蘭裔美國天文學家玻丹・帕琴斯基（Bohdan Paczynski）卻獨樹一幟，他在 1980 年代中期提出：伽馬射線暴是位於宇宙學距離上，和類星體一樣遙遠的天體。簡言之就是，伽馬射線暴發生在銀河系之外。但是他的理論並未引起天文學界的重視。

　　幾年之後，美國的「康普頓」伽馬射線天文臺發射升空，對伽馬射線暴進行了全面的監視。幾年觀測下來，科學家們發現伽馬射線暴出現在天空的各個方向上，而這與星系或類星體的分布很相似，與銀河系內天體的分布完全不一樣。於是，人們開始認真看待帕琴斯基的觀點。

　　可另一位天文學家拉姆並不認可「伽馬射線暴可能是銀河系外的遙遠天體引起的」這個觀點，並於 1995 年開始與帕琴斯基展開了一場曠日持久的辯論。1997 年，義大利發射了一顆高能天文衛星，能夠快速而精確地測定出伽馬射線暴的位置，而後用地面上的光學望遠鏡和無線電望遠鏡進行後續觀測。天文學家們首先成功地發現了 1997 年 2 月 28 日伽馬射線暴的光學對映體，這種光學對映體被稱為伽馬射線暴的光學餘暉，接著看到了所對應的星系，這就充分證明了帕琴斯基的觀點。這場持續了兩年的辯論以帕琴斯基獲勝而結束。

　　美國太空總署最新研究顯示，地球曾被 50 萬光年之遙的大型耀斑瞬間照射，這種強大的能量脈衝束照亮了地球大氣層。這個脈衝束來自銀河系對面的一顆中子星。中子星也被稱為「軟伽馬射線中繼器」，通常噴射低能量的伽馬射線，但有時其磁場重新排列時會釋放出巨大的能量束。這種能量束可穿越太空，導致大量人造衛星出現故障，並使地球頂端大氣層電離化。據美國太空總署稱，這種獨特的伽馬射線束

非常強烈，比滿月還要明亮，甚至比勘測到的太陽系外的任何天體都要明亮。

這個令人難以置信的伽馬射線噴發發生於 2004 年 12 月 27 日，是由中子星「SGR 1806-20」釋放的脈衝束。美國洛斯 - 阿拉莫斯國家實驗室（Los Alamos National Laboratory）的大衛 - 帕默博士說：「這可能是天文學家一生中難得一見的天文現象，同時也是一種非常罕見的中子星事件。在過去 35 年裡，我們僅探測到其他兩次太陽系外大型耀斑噴射事件，而中子星『SGR 1806-20』釋放的伽馬射線束的強度是前者的數百倍。」該伽馬射線能量束並不會對地球構成威脅，這是由於中子星「SGR 1806-20」距離地球非常遙遠，但如果中子星距離地球較近的話，輻射威力將足以摧毀臭氧層，這會對地球上的生命造成毀滅性的影響。

天文學家們認為，宇宙中存在大量的中子星，位於銀河系內的中子星能量相對較低，因而銀河系內的中子星「製造」的伽馬射線暴對地球來說影響不大。但是，許多人仍對此很不放心。一些古生物學家認為，伽馬射線暴是造成奧陶紀（Ordovician）晚期生物大滅絕的元凶。

古生物學證據顯示，在 4.4 億年前的奧陶紀，曾有過一次生物大滅絕，史稱「奧陶紀—志留紀滅絕事件」（Ordovician–Silurian extinction event，也稱奧陶紀大滅絕（Ordovician extinction））。在生物進化史上五次最嚴重的大滅絕中排名

第二。過去人們多將其歸因於突然而至的冰河期，因為冰河時代的出現往往是在一個溫暖的時期，氣候突然發生巨大變化，地球上的生物對這種突然的變化一時難以適應，大批生物因此而滅亡。但科學家們卻無法解釋是什麼引發了冰河時代。大陸漂移經常會引發氣候劇變，但這是一個長期的過程，不可能在很短時間內滅絕大批生物。不過由伽馬射線暴引發的二氧化氮層可以有效地阻擋住太陽光，從而引發氣候的巨變。

在研究了 4.4 億年前的三葉蟲化石後，有科學家得出了結論：伽馬射線暴確實是導致史前那場浩劫的罪魁禍首。他們發現，三葉蟲滅絕時的形態模式，與伽馬射線暴所造成的後果十分相似。堪薩斯州大學天體物理學家梅洛特指出，天文學家迄今探測到的伽馬射線暴都來自遙遠的星系，到達地球表面時是無害的。但如果伽馬射線暴就發生在我們的星系內，並直接衝向地球，那麼後果將不堪設想。在那種情況下，地球大氣層會吸收絕大部分伽馬射線，高能射線會撕裂氮氣和氧氣分子，形成大量的氮氧化物，特別是有毒的棕色氣體二氧化氮。這些二氧化氮會遮擋住一半以上的太陽光線，使其無法到達地球表面，使植物難以進行光合作用，動物無法採光保暖，地球也將突然進入冰河期。同時，二氧化氮還會破壞臭氧層，使地球表面生物長期受到過量紫外線的照射，從而導致地球生物的滅絕。

這些科學家們還指出，伽馬射線暴每隔 500 萬年左右就會對地球生物造成一次致命的傷害。如此計算，從地球上有生命誕生以來，伽馬射線暴至少給地球生命帶來了 1,000 次的災難性傷害。但因為沒有留下明顯的痕跡，所以我們對這些遠去的傷痛知之甚少。

三葉蟲化石

雖然這些科學家們的話尚未完全得到證實，但對於伽馬射線暴我們不能不加以防範，尤其是考慮到以後將往外星行星移民的時候。例如，火星的磁場極其微弱，大氣層又極為稀薄，無法有效地阻擋伽馬射線暴的進攻。而伽馬射線極易造成生物體細胞內的 DNA 斷裂，進而引起細胞突變，引發多種疾病，這對移民們可謂是重大威脅 —— 特別是，考慮到我們並沒有大衛・班納的基因改造祕方，暫時沒法把移民們變成綠巨人。

天文學家們在研究伽馬射線暴時，除了惦記著我們的將來，還想到了宇宙的過去。他們知道，一旦大質量恆星的核燃料用盡，坍縮成一個黑洞或中子星，恆星在死亡時排出的氣體外殼，會噴發出氣體噴流，這時典型的伽馬射線暴就發生了。最新的觀測揭示，伽馬暴發生在宇宙 6 億 3 千萬歲的時候，這個觀測結果直接證實了，在「嬰兒」宇宙中活躍著爆發的恆星和新誕生的黑洞。

伽馬射線暴是伽馬射線天文學研究對象中，最引人注目的現象。探測伽馬譜線是了解高能天體上各種放射性元素組成的重要途徑，對宇宙學的研究有很重要的意義。例如，透過對伽馬射線的研究，天文學家們終於找到了最近一段時期銀河系亮度大幅度減弱的一種可信的解答——

最重要的線索出現於 2010 年。11 月 10 日這天，美國天文學家宣布，他們發現銀河系中央分離出兩個巨大的「氣泡」，這些由伽馬射線「氣泡」形成的巨大空間總跨度達 5 萬光年，一個「氣泡」的跨度約 2.5 萬光年。經研究，天文學家們得出如下結論：黑洞也是伽馬射線的一個「大型生產廠家」，這些「氣泡」是銀河系中心隱藏的超大質量黑洞在吞噬了大質量物質後打的一個「飽嗝」。而被黑洞吞噬的物質，源自存在於其勢力範圍內的星雲。由於黑洞的貪婪掠奪，星雲在失去大量星際物質後，無法孕育恆星，導致銀河系中心部位應有的恆星數量大幅減少，銀河系因而變得黯淡。

鑑別恆星的指紋

　　諾柏‧霍比和他的堂兄弟華科都在他叔父約翰‧霍比的公司裡擔任要職。約翰‧霍比是一位貴重金屬煉製商和交易商，在他的公司裡有一隻巨大的保險櫃，用來存放貴重物品。某天，一位南非的客戶寄給霍比先生一些未加工的鑽石包裹，讓他寄存在銀行或把它們轉交給其他鑽石代理商。由於銀行已經下班，霍比便將這些未加工的鑽石鎖進了保險櫃。誰知第二天大家發現鑽石被竊，保險櫃沒有一點被破壞的痕跡。人們在保險櫃的底部發現了兩滴血，還有一張沾有血跡的紙，紙上有一個十分清楚的血拇指印。

　　警方將那張紙帶走，交給指紋部門的專家進行鑑定，結果發現上面的那個指印與他們以往搜集的所有罪犯的指印都不相符，最後查明，這個血指印來自諾柏‧霍比的拇指。諾柏的律師魯克建議他認罪，諾柏卻堅持自己是無辜的。魯克無奈，只得陪同諾柏來到著名律師兼醫生宋戴克家，向宋戴克求助。

　　宋戴克當場採集了諾柏的指紋，並於第二天一早與警方掌握的血指印進行了比對，同時他也獲知了一些詭異的情況：在竊案發生前幾天，華科送給約翰‧霍比太太一套叫作「指紋模」的玩具，那是一個空白的、很薄的像本子一樣的東西，用來搜集身邊朋友的指印，另外還有一個墨板。霍比太

太用這個玩具搜集了親朋好友的指紋，其中包括他兩個侄子的指紋。警方正是使用了霍比太太搜集的指紋，才證實是諾柏犯下了盜竊罪。在案件保釋期調查會召開前，另一條線索也浮出了水面：華科透露說約翰·霍比在財務方面出了一些狀況，而丟失的鑽石價值超過了兩萬英鎊。

宋戴克發現失竊現場留下的指紋有一條 S 形的空白，認為這或許會是案件的轉捩點和突破口。於是，他和搭檔裡維斯深入霍比家族進一步取證，隨著他們的調查，真相逐漸被揭開。在法庭上，宋戴克根據取得的證據，剖析了案情的真相……

《紅拇指印》是英國著名推理作家理查·傅里曼（Richard Freeman）的推理處女作，出版於 1907 年。在這部作品中，傅里曼塑造了一個經典的「科學偵探」的形象，從此之後，「科學偵探」約翰·宋戴克醫師（Dr. John Thorndyke）以其嚴謹的科學態度和細膩的邏輯分析為人熟知。

血拇指印是《紅拇指印》中至關重要的線索。事實上，自從英國學者法蘭西斯·高爾頓（Francis Galton）最終確定指紋能絕對準確地鑑別一個人，並於 1888 年參與倫敦的系列謀殺案偵破過程後，指紋鑑定就成為犯罪偵察學的重要課題之一。目前，指紋鑑定仍是各國警方用以識別罪犯的最普遍的方法。

指紋被認為是區分不同人的可靠手段，奇妙的是，透過

鑑別原子的指紋，能夠知道距離遙遠的恆星的物理情況和化學組成，創造這個奇蹟的儀器，就是分光鏡。

1859年，德國實驗化學家羅伯特・本生（Robert Bunsen）和物理學教授克希荷夫（Gustav Kirchhoff）共同發明了分光鏡。這件堪稱神奇的小工具，使人們了解了太陽的光譜，發現了新的太陽元素，並能夠測定遙遠天體的化學組成。

羅伯特・本生出身於德國哥廷根的一個書香門第家庭。父親查理斯恩・本生是哥廷根大學圖書館館長、語言學教授，母親也有很好的文化素養，在家裡的4個兄弟中，本生排行第四。他從小受到良好的教育，對科學有著廣泛的興趣，在大學期間學習了化學、物理學、礦物學和數學等課程，早期還研究過有機化學，但後來又專攻了無機化學。本生一生做的最重要的工作就是進行無機分析，本生燈是他最傑出的發明。此外，他還製成了本生電池、水量熱計、蒸氣量熱計、濾泵和熱電堆等實驗儀器。

著名的本生燈發明於1853年，它是一種新式的煤氣燈，使煤氣燃燒時產生幾乎無色的火焰，而且可以很方便地調節火焰的大小和溫度，燃燒得最好的時候溫度能達到2,300℃。不同成分的化學物質在本生燈上灼燒時會出現不同的焰色，而本生燈產生的火焰幾乎是無色的，這使本生發現了各種化學物質的焰色反應。他發現，鉀鹽灼燒時為紫色，鈉鹽為黃色，鍶鹽為洋紅色，鋇鹽為黃綠色，銅鹽為藍綠色。於是他

開始研究各種物質在燈上灼燒時火焰的顏色會發生什麼變化，並試圖根據火焰顏色來區分物質中包含哪一種元素。但後來本生發現，僅憑肉眼觀察焰色反應來鑑別元素是十分困難的，因為在複雜物質中各種顏色互相掩蓋，使人無法辨別，特別是鈉的黃色，幾乎把所有物質的焰色都掩蓋了。本生又試著用濾光鏡把各種顏色分開，效果雖然比單純用肉眼觀察好一些，但仍不理想。

為了區分火焰的顏色，本生想了很多種方法，實驗進行了一年多，但還是失敗了。這個時候，本生的好朋友，年輕的物理學教授克希荷夫聽他談起這個實驗，給他提了個好建議：不要直接觀察火焰的顏色，而是去觀察火焰的光譜，這樣就可以把各種顏色清楚地區分開了。

我們都知道，陽光看起來是白色的，但其實它是由許多種顏色的光組成的，所以陽光被稱作「複色光」。複色光可以用三稜鏡之類的儀器分開，得到單色光。這些單色光，如紅光、藍光等，按照波長大小——也就是按能量振盪頻率的高低——依次排列就是「光譜」。

觀察火焰的光譜與觀察火焰的顏色相比要容易得多，因此本生興奮地接受了克希荷夫的建議，並邀請他參加自己的實驗。他們一起制定了合作研究方案。

在此之前，德國的光學專家方和斐重複過牛頓分解陽光的實驗，並對這個實驗做了不少改進。為了能更清楚地觀察

陽光的光譜，他用凸透鏡做了一個窺管。此外，他還曾詳細研究過各種燈光的光譜。克希荷夫非常了解方和斐的研究，而且他手裡還保存著方和斐親手磨製的石英三稜鏡。克希荷夫帶著這個寶貝三稜鏡來到了本生的實驗室，同時還帶來了一些零碎，包括一個鋸成兩截的直筒望遠鏡、一個雪茄煙盒，以及一片開了一道狹縫的圓鐵片。

三稜鏡

克希荷夫在雪茄煙盒內糊上了一層黑紙，然後在煙盒上開了兩個洞，把三稜鏡安裝在煙盒中間，使煙盒的兩個洞分別對準三稜鏡的兩個面。他在一個洞上安裝了望遠鏡的目鏡，做成方和斐的窺管，把望遠鏡的另外半截裝在另一個洞上，物鏡在雪茄煙盒內，正對著三稜鏡。再把那片開有細縫的圓鐵片蓋在望遠鏡朝外的筒口「平行光管」上。克希荷夫把這些都固定好，蓋上煙盒，世界上第一臺分光鏡就這樣裝配好了。

　　就是利用這臺簡陋的分光鏡，本生和克希荷夫對不同元素的光譜做了詳細的研究。他們在一種礦泉水中發現了新元素銫，在一種雲母礦中發現了另一種新元素銣，並總結出光譜分析的兩條基本原則：一是每一種元素當充分激發成氣體狀態時，都會產生自己特有的光譜；二是一種元素可以根據蒸氣產生的光譜線而推知其存在性。

　　本生和克希荷夫還使用分光鏡證明了太陽上有氫、鈉、鐵、鈣、鎳等元素。1859 年 10 月 20 日，克希荷夫向柏林科學院報告了他的發現。利用光譜分析的方法分析各種物質的組成，尋找新的元素，一時成了科學界的時尚。實用光譜學也就是從這個時候建立起來的。

　　光是一種電磁波，它是由原子內部運動的電子產生的。不同的物質，原子內部電子的運動情況不同，所以它們發射的光波或者吸收光波的情況也不相同。每種原子都有專屬於自己的獨特光譜，這種光譜就相當於原子的「指紋」。我們每個人的指紋都和別人的不一樣，同樣的道理，原子的光譜也各不相同，它們按一定規律形成若干光譜線系。原子光譜線系的性質與原子結構是緊密相連的，是研究原子結構的重要依據。把某種物質所生成的明線光譜和已知元素的標識譜線進行比較，就可以知道這種物質是由哪些元素組成的。例如，透過分析極光的光譜，我們知道極光發生地有氧、氮、氫等元素，因為氧被激發後會發出綠光和紅光，氮被激發後

會發出紫色的光，氫被激發後則發出藍色的光。可以說，就是由於有這些元素的存在，極光才能那麼絢麗多彩，變幻無窮。

根據光譜來鑑別物質以及確定物體的化學組成，這種方法叫作「光譜分析」。光譜分析具有極高的靈敏度和準確度。用光譜不僅能定性分析物質的化學成分，而且還能確定元素含量的多少。

分光鏡的發明以及實用光譜學的建立，使得光學研究進入了一個新的紀元，同時也帶動了其他學科的進步，而天文學可能是受惠最多的一門學科。

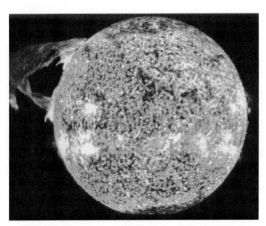

日珥現象

在分光鏡發明以前，人們想要了解恆星的物理情況和化學組成幾乎是件不可能的事。而僅僅依靠天文望遠鏡來研究，所得到的信息又非常有限，因此很多人對了解恆星的構

成一事已感到絕望。法國哲學家奧古斯特‧孔德（Auguste Comte）就曾下過這樣的斷言：「恆星的化學組成是人類絕對不能得到的知識。」但是只過了30多年，分光鏡就打破了孔德的斷言，在天文學領域創造了奇蹟。

人們對恆星成分的了解，是從太陽起步的。首先是本生和克希荷夫透過分析太陽的光譜，證明了這顆距離我們最近的恆星含有氫、鈉、鐵、鈣、鎳等元素。之後，法國天文學家皮埃爾‧讓森（Pierre Janssen）利用日全食的機會觀測了日珥（太陽表面噴出的熾熱的氣流），發現太陽中有一道黃色的譜線。時隔兩個月，英國天文學家約瑟夫‧洛克耶（Joseph Lockyer《自然》雜誌的創始人）也發現了這條譜線。科學家們經過查對發現，這條譜線屬於一種未知的新元素。由於這種新元素最初是在太陽上找到的，於是洛克耶把這種新的元素命名為「氦」，在希臘文裡就是「太陽」的意思。後來，英國的洛基爾在地球上也找到了氦。

「太陽元素」氦的發現使天文學家們認識到，可以透過分析恆星的光譜來研究恆星的化學成分。和太陽的光譜一樣，恆星的光譜除了有彩色的連續光譜之外，還有代表組成恆星的各種元素的線狀光譜。把恆星的譜線和在地球實驗室中所獲知的各種物質的譜線相比較，就可以確定恆星上有什麼化學成分。譜線的強度不僅與元素的含量有關，還與恆星大氣的溫度、壓力有關。每顆恆星光譜的譜線數目、分布和強

度等情況都是不一樣的，這些特徵包含著恆星的許多理化資訊，因此恆星的光譜又被稱作恆星的「指紋」。

　　隨著恆星光譜分析研究工作的推進，人們相繼提出了怎樣對恆星光譜進行分類的問題。19 世紀末創立的分類法將恆星的光譜由 A 至 P 分為 16 種，是目前使用的光譜的起源。

　　恆星光譜的研究內容非常廣泛，從觀測角度來看，主要有三條途徑：一是認證譜線和確定元素的豐度；二是測量都卜勒效應（Doppler effect，波源和觀察者有相對運動時，觀察者接收到的波的頻率與波源發出的頻率並不相同的現象）引起的譜線位移和變寬，由此來研究天體的運動狀態和譜線生成區；三是測量恆星光譜中能量隨波長的變化，包括連續譜能量分布、譜線輪廓和等值寬度等。

　　透過對恆星光譜的觀測和分析研究，人們了解到了恆星表面大氣層的溫度、壓力、密度、化學成分，以及恆星的質量、體積、自轉運動、距離和空間運動等一系列理化性質。毫不誇張地說，迄今關於恆星本質的知識幾乎都是從光譜研究中獲得的。

　　將光學的成就和知識應用於天文學，使得天文學產生了一個新的分支 ── 天體物理學，而天文學也從此進入了一個新的時代。

銀河系的真面貌

　　在西晉文學家張華所撰寫的《博物志》裡，記載著這樣一個故事：天上的銀河與地上的大海相通，常有一些海島居民在八月的時候乘船來往於大海與銀河之間。有個人知道了這件事後，立下很大的志向，要乘船到銀河的盡頭去看一看。他在船上建造了用以瞭望的閣樓，並準備了許多乾糧，然後乘著船漂流而去，到了一個陌生的地方。這地方像是一座繁華的城市，房屋鱗次櫛比，宮殿裡有許多女子在忙著織布，島邊有個男子牽著頭牛，邊走邊飲牛。遊客問男子這裡是什麼地方，牽牛的男子告訴他：「你回去後，到蜀地問嚴君平先生自然就知道了。」後來這名遊客果然去拜訪了嚴君平。嚴君平算了算日期，笑著說：原來某年某月某日客星犯牽牛就是這回事啊。

　　嚴君平是西漢著名的道家學者、思想家，傳說他精通天文，擅長占卜和星占，名聲很大。但他終生不肯為官，以卜筮和講授《易經》及老子之學為生，50 歲後歸隱於郫縣平樂山，一邊著書，一邊授徒，著名的文學家揚雄就是他的弟子。嚴君平在平樂山生活了 40 多年，在此山上寫出了「王莽服誅，光武中興」的預言，提前 20 多年預測了「王莽篡權」和「光武中興」兩個重要的歷史事件。嚴君平 91 歲時逝世，葬於平樂山。他的作品對西晉文人影響很大，且因他長於星

占，所以張華在《博物志》裡借他的口說出「客星犯牽牛」一事，來證實「銀河通大海」。客星在古代實際上代指的就是現在的新星、超新星或彗星，和有沒有人去訪問牛郎星沒有什麼關係。

　　世界各地都有著關於銀河的傳說：中國古代的民間故事中，常把銀河形容成「天上的河」，並認為它與大海相通，也有傳說認為它與漢水相通。無獨有偶，印度人也認為銀河是條河，他們稱其為「天上的恆河」。在中國流傳極廣的關於牛郎和織女的傳說裡，銀河是王母娘娘用一支金簪劃出來的。希臘神話對銀河的來歷有著與中國不同的解釋：傳說宙斯愛上了凡人女子阿爾克墨涅（Alcmene），並與她生下兒子海克力斯。宙斯非常鍾愛這個兒子，希望他能夠長生不老，因此欺騙神后希拉餵這個孩子吃奶，不想海克力斯的力量太大了，吮吸出來的奶飛濺到空中，就變成了銀河。而在亞美尼亞神話中，銀河被稱為「麥稭賊之路」，據說是一位神祇偷竊了麥稭之後，企圖用一輛木製的運貨車載著這些麥稭逃離天堂，在路途中他掉落的一些麥稭變成了銀河。某些美洲的印第安人把銀河視為勇敢的戰士們死後進入天堂的路徑，路邊明亮的恆星則是死者在途中休息時點燃的營火。而芬蘭人早就注意到，候鳥在向南方遷徙時是靠著銀河來指引方向的，因此他們把銀河稱作「鳥的小徑」，並認為銀河才是鳥真正的居所。現在，科學家已經證實了，候鳥確實在依靠銀

河來做引導，在冬天才能飛到溫暖的南方居住……

　　現今我們已經知道，銀河系是一個由 2,000 多億顆恆星、數千個星團和星雲組成的盤狀恆星系統，其直徑約為 10 萬光年，中心厚度約為 1.2 萬光年，總質量是太陽的 1,400 億倍。太陽系屬於這個龐大家族的成員之一，位於距離銀河系中心大約 2.6 萬光年處，繞銀河系中心運行一周大約需要 2.3 億個地球年的時間。

　　過去人們認為，銀河系是一個旋渦星系，具有旋渦結構，即有一個銀心和四個旋臂，旋臂相距 4,500 光年。太陽位於銀河系一個支臂（獵戶臂）上，至銀河系中心的距離大約是 2.6 萬光年。但最新的觀測和研究結果顯示，銀河系是一個由 1,000 億～ 4,000 億顆恆星、數千個星團和星雲組成的棒旋星系系統，側看像一個中心略鼓的大圓盤，俯視呈旋渦狀。1950 年代無線電天文學誕生後，人們勾畫出銀河系的旋渦結構，發現銀河系有 4 條旋臂，分別是矩尺、人馬—盾牌、半人馬與英仙旋臂，太陽系介於半人馬與英仙的次旋臂 —— 獵戶臂中，正處於科學家們常說的「銀河生命帶」中。但根據 2008 年美國天文學家提供的最新消息，銀河系其實只有兩個主旋臂，另外的兩個尚未發育成形。

　　科學家們發現銀河系經歷了漫長的過程。早在西元前 5 世紀，古希臘的哲學家德謨克利特（Democritus）就提出一個極為正確的觀點：銀河是由無數恆星構成的，只不過因為這

些恆星太暗了，無法區別開來。之後，在天文望遠鏡發明以後，伽利略率先使用望遠鏡進行觀測，證實了德讓克利特的猜想。其後，德國哲學家康德（Immanuel Kant）指出，銀河是由恆星組成的盤狀物。但是天文學家們對這個說法置若罔聞。直到 1785 年，康德的觀點才由赫雪爾經由恆星計數而證實。

旋渦星系

1926 年哈伯提出星系形態分類法。按照這種分類方法，星系可分為橢圓星系、螺旋星系、透鏡星系和不規則星系，這個分類法叫作「哈伯序列」，由於它的圖形標記法很像音叉的形狀，所以也常被稱為「哈伯音叉圖」。直到今日哈伯序列仍是最常用的星系分類法。

不少天文學家認為，在所有的星系中，旋渦星系是最為美麗的。自 1845 年人們發現第一個旋渦星系以來，被記錄在

案的旋渦星系已達數千個。而直到 1951 年，銀河系才被證實也屬於這個美麗群體。

關於銀河系屬於旋渦星系這個說法在很早以前就被提出來了。早在 1852 年，美國天文學家史蒂芬‧亞歷山大（Stephen Alexander）就認為銀河系也是一個旋渦星系。但是，由於我們自己就身處在這個龐大的星系中，想要透過諸多的恆星去看清它的旋臂，有極大的困難，所以這個觀點始終難以證實。

借助天文學家巴德對仙女座星系的研究，1950 年代美國天文學家威廉‧摩根（William Morgan）利用超巨星的分布，描繪出太陽附近三段平行的旋臂。這些旋臂按照主要臂段所在方向的星座命名。太陽位於一個臂的內邊側，這個臂現在叫獵戶臂，從天鵝座延伸到麒麟座；平行於獵戶臂的是英仙臂，距離銀河系的中心大約 7,000 光年；第三個旋臂通過人馬座，比獵戶臂更靠近銀河系的中心。這些旋臂的存在使銀河系的旋渦結構得到了確認。後來天文學家們發現，在銀河系中心有一個由恆星組成的、長達 2.7 萬光年的「恆星棒」，這個發現使銀河系正式加入了棒旋星系的家族。棒旋星系的特徵是：旋渦星系的核心有明亮的恆星湧出，聚集成短棒，並橫越過星系的中心。在宇宙各類星系中，棒旋星系是相對年齡較老的一種，天文學家們認為，這樣的星系演化出生命的可能性較大。

　　銀河系由核球、銀盤、旋臂、銀暈和銀冕等部分組成，突起的核球處於銀河系的中心部位，是銀河系中恆星密集的區域。核球周圍是銀盤，這裡集中了銀河系 90% 的質量。銀盤中除密集的恆星外，還有各種星際介質和星雲及星團，其物質分布呈旋渦狀結構，即分布在幾條螺旋形的旋臂中。我們看到的銀河，就是銀盤中遙遠的恆星密集分布在一起形成的。銀河系除了核球和銀盤以外，還有一個很大的暈，稱為銀暈。銀暈中的恆星很稀少，還有為數不多的球狀星團。

　　銀河系是一個龐大的系統，約有 90% 的物質集中在它所包含的恆星上。恆星的種類繁多。在一個星系內部，大量物理性質、化學組成、空間分布和運動特徵等狀況較為相近的天體會形成某種集合，這樣的集合被稱為「星族」（Stellar population）。按恆星在銀河系裡的分布、所處的演化階段和物理特性，銀河系內的恆星可分為兩個星族。天文學家們通常把比氫和氦重的元素都劃為「金屬元素」，也可以稱之為「重元素」。第一星族的恆星們，亦稱「星族 I 星」（population I），「體內」包含相當多的重元素，被稱作「富金屬星」，它們主要分布在銀盤的旋臂上。而年老的第二星族的恆星，即「星族 II 星」（population II），幾乎都是「貧金屬星」，所含的重元素相對較為稀少，主要分布在銀暈裡。恆星常聚集成團，目前已在銀河系內發現了 1,000 多個星團。銀河系裡還有氣體和塵埃，其含量約占銀河系總質量的 10%，它們的

分布很不均勻，有的聚集為星雲，有的則散布在星際空間。

目前在學術界影響較大的「宇宙大爆炸理論」認為，宇宙起始於 137 億年前的一次無與倫比的大爆炸，而在此之前它只是一個緻密熾熱的點。大爆炸使得空間急劇膨脹，宇宙中充滿輻射和基本粒子，隨後溫度持續下降，物質逐漸凝聚成星雲，再演化成今天的各種天體。大爆炸模型預言宇宙應當由大約 25% 的氦和 75% 的氫元素組成，這與天文測量的結果極為符合。由於在宇宙形成初期沒有任何重元素，所以早期星體的重元素含量很低。天文學家們在銀暈中的球狀星團裡找到了銀河系內年齡最老的恆星，它的重元素相對豐度只及太陽的 0.2%。這一類星都是貧金屬星。

一顆大質量的恆星消耗完核心部分的氫以後，其核心將變熱並坍縮，形成較重的元素。星核的自轉速度非常快，所產生的離心力把新形成的重元素拋射到宇宙空間，成為星際物質，而恆星自身將爆發為超新星。

觀測與實驗證明，銀河系自形成以來，其金屬元素含量愈來愈高，像鈣、鐵這些重元素在恆星死亡時被拋射到太空中，成為後來誕生恆星與行星的星際氣體塵埃雲。而星際雲經過幾億到幾十億年的演變，又形成新的恆星及圍繞其運轉的行星。太陽系中的金屬元素都是從原始星雲中來的，且這些金屬元素均來自上一代恆星。也就是說，地球上生物體內的鈣與鐵，我們呼吸的氧，包括組成我們這些智慧生命的所

有重元素，無一不是來自從前死亡恆星的「遺骸」。從這個角度來說，我們都是那些已死亡的恆星的後代。

天體和其他宇宙物質中除氫和氦以外的所有元素的原子總數或總質量的相對含量被稱為「金屬豐度」。一顆恆星的金屬豐度是衡量它能否孕育出生命的重要指標。迄今為止，我們只知道，在銀河系內，唯有太陽系中有生命存在。而在太陽系中，只有地球上孕育出了我們這樣的生命體。地質學家和古生物學家彼得·沃德（Peter Ward）及天文學家和宇宙生物學家唐納德·布朗利（Donald Brownlee）在他們合著的《孤獨地球》（*Rare Earth: Why Complex Life Is Uncommon in the Universe*）中曾提出過這樣一個觀點：銀河系中僅有很窄的一道環狀區域可能適合生命存在，這條距離銀心大約 2.28 萬～ 2.93 萬光年的狹窄區域就是「銀河系的宜居帶」。太陽系運行軌道距離銀河系中心大約 2.6 萬光年，正好位於銀河系的宜居帶內。也就是說，我們很幸運地處在宇宙的「生命綠洲」之中。

然而，最近美國國家航空暨太空總署宇宙生物學研究所的麥克·古瓦洛克，以及他的同行加拿大特倫特大學的大衛·帕頓和薩賓·麥克康奈爾等人進行了一項有關「銀河系宜居帶」的研究。結果顯示，儘管銀河系靠近核心的區域確實環境險惡，但是卻可能成為最適宜生命生存的區域。

恆星死亡後的震撼景象

　　古瓦洛克等人的相關論文後來發表在《宇宙生物學》雜誌上。他們有關「生命宜居區域」的概念主要基於三個基本參數：超新星爆發率、恆星的金屬豐度以及複雜生命進化所需要的時間。古瓦洛克指出，儘管由於較低的恆星密度，以及更少的超新星爆發，在銀河系外側會更加安全。但是，他們將金屬豐度和行星形成速率進行了關聯，如此，從星系歷史的角度看，恆星誕生和消亡過程發生頻率最為劇烈的區域是靠近銀河系核心的位置，銀河系內側金屬豐度最高，而銀河系外側這個指數就要低得多。因此，在銀河系內側位置，行星的數量也應當遠多於銀河系外側。因為重元素是形成行星的原始建築材料，而在銀河系核心區域這樣的材料密度是最高的。儘管這裡的超新星爆發頻率高得多，但這種爆發會摧毀很多行星上可能存在的生命。不過古瓦洛克等人的計算

顯示，在銀河系內側找到倖存的、沒有被摧毀的有生命行星的機率要比銀河系外側高出 10 倍。

古瓦洛克小組的論文還指出，隨著時間的推移，銀河系的高金屬豐度區域將逐漸向外側擴展。由此看來，宇宙的生命綠洲並非一成不變的，或許我們銀河系中生命活動的高峰期尚未到來。果真如此的話，我們就很有可能是銀河系孕育出來的第一代智慧生命。

當牛郎遇到織女

南北朝時期，梁朝的宗懍編寫過一部記錄中國古代荊楚地區歲時節令風物故事的筆記體文集，名為《荊楚歲時記》，其中有這樣一段記載：「天河之東有織女，天帝之子也，年年織杼勞役，織成雲錦天衣。天帝哀其獨處，許配河西牽牛郎。嫁後遂廢織紝。天帝怒，責令歸河東，唯每年七月七日夜一會。」這是中國歷代由文人編撰的牛郎、織女故事中成型最早的一篇。

「織女」、「牽牛」二詞見諸文字，最早出現於《詩經·小雅》的〈大東〉篇中。詩中的織女、牽牛只是天上兩個星宿的名稱，這二者之間並沒有什麼關係。而到了東漢時期，在無名氏所寫的古詩〈迢迢牽牛星〉中，牛郎和織女就已成為一對戀人。到了南北朝時期，在梁朝文人蕭統編撰的《文選》裡，出現了牛郎、織女「七夕相會」的情節，至於他們為什麼會分開，則沒有解釋。天帝的出現，以及牛郎、織女因戀愛而耽誤工作的事都是宗懍編出來的。

牛郎、織女的民間傳說與宗懍記載的有很大不同。相傳牛郎是個孤兒，父母早逝，常受哥哥和嫂子虐待。後來兄嫂嫌牛郎太累贅，提出分家，並在分家時霸占了絕大多數財產，只分給牛郎一頭老牛。但是牛郎並不埋怨，每天跟老牛相伴度日。有一天，老牛告訴牛郎，有一群仙女要到附近的河裡洗澡，牠

勸說牛郎去偷一位仙女的衣服，這樣仙女就不能回到天上去了，牛郎就可以把仙女留下來做妻子。牛郎聽從了老牛的話，事先藏在蘆葦叢中。等仙女們下到河裡沐浴的時候，牛郎跑出來，拿走了織女的衣裳。驚慌失措的仙女們急忙上岸穿好衣裳飛走了，唯獨剩下織女。在牛郎的懇求下，織女答應做他的妻子。婚後，牛郎耕田，織女織布，他們相親相愛生活得十分幸福美滿。織女還給牛郎生了一對兒女。過了幾年，老牛把牛郎叫到面前，對他說自己快要死了，並叮囑他把自己的皮剝下來收好，以後遇到急難的時候披在身上，自然會有用處。老牛死後，夫妻倆忍痛剝下牛皮，把牛埋在山坡上。不久，織女和牛郎成親的事被天庭的玉皇大帝和王母娘娘知道了，他們對織女私自下凡非常生氣，命令天兵天將下界抓回織女。天神趁牛郎不在家的時候抓走了織女。牛郎回家不見織女，急忙披上牛皮，擔著兩個小孩追上天去。眼看牛郎就要追上天兵了，王母娘娘拔下頭上的金簪向天空劃了一下，天上立即出現了一條波濤洶湧的大河，這就是銀河。銀河濁浪滔天，牛郎實在沒法飛過去。從此，他與織女只能淚眼盈盈，隔河相望。天長日久，玉皇大帝和王母娘娘也拗不過他們，准許他們每年七月七日相會一次。每到這一天，人間的喜鵲就要飛上天去，在銀河上為牛郎、織女搭橋，讓他們在鵲橋上相會。如今，經過長久的傳承和演變，「七夕」已成為中國一個極為重要的節日。古時候婦女們會在這天組織開展各種勞動競賽，而現在會有許多年輕人

在這天互送禮物，或表達愛慕，因為這天被稱作「情人節」。

至於牽牛星和織女星，我們也都不陌生。秋天的夜晚，每逢天空晴朗時，我們所看到的最亮的恆星就是織女星。它和附近的幾顆星星連在一起，成為一架七弦琴的樣子。在天文學上，這個星座名為「天琴座」，織女星就是天琴座的第一星。牽牛星在織女星的東南方，在天鷹座內，其兩側各有一顆小星星，就是傳說中牛郎挑著的兩個孩子。這三顆星在中國古代叫作「河鼓三星」（也稱「扁擔星」），其中牛郎星叫「河鼓二」。

牛郎星和織女星都是離我們非常遙遠的恆星。織女星距離地球約 26 光年，牽牛星距離地球約 16 光年。牛郎星與織女星之間的距離也很遠，約有 16.4 光年，這和牛郎星到地球的距離差不多。如果讓牛郎以每天 100 公里的速度跑，他得花 40 多億年才能跑到織女身邊。別說見面了，就算這兩個人通個電話，從一方話音響起開始算，到另一方聽見對方說的第一個字也得用 16.4 年的時間。

如果宇宙間發生了奇蹟，牛郎星真的遇到了織女星會怎麼樣呢？結果麼……若是你很幸運地有個叫大衛・班納的父親，又很幸運地遺傳了他那經過改造的基因，你才有很小的可能變身成「綠巨人」。要知道，牛郎星和織女星這兩顆恆星的質量都不算小，它們倆要是真見了面控制不住，熱情「擁抱」起來，很可能會導致伽馬射線暴的產生。

　　天文學家們很重視牛郎星和織女星。據觀測，織女星是一顆主序星（Main sequence）[9]，顏色為白中透藍，其核心正在發生氫變成氦的核聚變，其光球層的金屬豐度只有太陽大氣層的 32%。1980 年代，紅外線天文衛星發現織女星被一個大的塵盤包圍著，最初認為是一個原行星盤，而現在則認為是一個「碎片盤」，這是因為織女星本身仍年輕，只有 2 億歲。1998 年，洛杉磯加利福尼亞大學的聯合天文中心偵測到該塵盤一些不尋常的地方，指出織女星有可能有類地行星存在。而據哈伯望遠鏡的觀測結果，牛郎星還沒有發現類木行星。科學家推測，如果在距離牛郎星 3.4 天文單位的位置上存在類地行星的話，在該行星上很可能有液態水。但是考慮到該星系還年輕，該類地行星也會像最初 10 億年的地球一樣，處在隕石和流星不斷的撞擊中。即便該類地行星上有生命存在，也只有原始的單細胞生命能夠存活。

　　如果牛郎星和織女星真的各自擁有行星系統的話，那麼，在它們相互接近、尚未「牽手」的時候，彼此的行星系統就會受到引力的干擾，發生「重組」，質量較大的一方可能會奪取另一方的行星，將其合併到自己的行星系統內。2003 年發現的矮行星「賽德娜」的軌道曾引起天文學家們

---

[9]　主序星，在赫羅圖上從左上角到右下角的狹窄帶內，有一個明顯的序列，這就是主星序。在主星序上的恆星就叫作主序星。赫羅圖（Hertzsprung–Russell diagram）是指恆星的光譜類型與光度的關係圖，是丹麥天文學家埃納・赫茨普龍（Ejnar Hertzsprung）和美國天文學家亨利・羅素（Henry Russell）分別於 1911 年和 1913 年各自獨立提出的。

的爭論。有些天文學家認為在太陽系形成初期，一顆大質量的恆星掠過太陽系邊緣，將賽德娜拖拽到目前的軌道上。還有一些天文學家認為，賽德娜是太陽從另一顆恆星那裡「搶奪」來的。

紅外線天文衛星

　　比兩個恆星相遇更為壯觀的是銀河系這樣龐大的系統的衝撞。

　　通常我們所說的星系指的是類似銀河系這樣的，包含恆星、氣體的星際物質、宇宙塵埃和暗物質，並且受到重力束縛的大質量系統。星系是依據它們的形狀分類的。最常見的星系是橢圓星系，有著橢圓形狀的明亮外觀；旋渦星系是圓盤的形狀，加上彎曲的塵埃旋渦臂，形狀不規則或異常的，通常是受鄰近的其他星系影響的結果；鄰近星系間的交互作用，也許會導致星系的合併，或是造成大量的恆星產生，即所謂的「星爆星系」；缺乏有條理結構的小星系則稱為「不規則星系」。

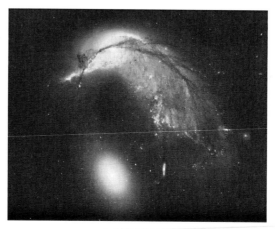

星爆星系

　　星系的質量一般在太陽的 100 萬到 1 兆倍之間。橢圓星系的直徑在 3,300 光年到 49 萬光年之間，旋渦星系的直徑在 1.6 萬光年到 16 萬光年之間，不規則星系的直徑在 6,500 光年到 2.9 萬光年之間。

　　在可以觀察到的宇宙中，星系的總數可能超過 1,000 億個。大多數星系都有聚集成團的傾向，我們的銀河系也不例外。它和我們的鄰居仙女座星系、三角座星系等幾十個星系共同組成了一個大家庭，叫作「本星系群」（Local Group）。比星系群成員數目更多的星系集團叫「星系團」（Galaxy clusters），它是由星系、氣體和大量的暗物質在引力的作用下聚集而形成的更為龐大的天體系統。

　　在室女座天區有一個不規則的星系團，在天球上東西橫跨 15°，南北長達 40°，這就是著名的室女座星系團，距離我

們 5,000 多萬光年，算是我們所在的本星系群的近鄰。到 20 世紀末，已發現上萬個星系團，距離遠達 70 光年之外。法國天文學家沃庫勒分析了亮星系的分布後，認為它們中的絕大部分屬於一個扁扁的巨大星系集團，他將其稱為「本超星系團」，它的中心在室女座星系團方向，本星系群也是本超星系團中的一員。

在我們的本星系群中，有一位重要的成員，名叫「仙女座星系」，它通常又被稱為「仙女座大星雲」。在梅西耶的星系表中，它的編號是「M31」。這個美麗的旋渦星系是本星系群中最亮的一個成員，跟我們的銀河系是近鄰。長久以來，仙女座星系和銀河系，就如牛郎跟織女一樣，相思相望卻無法靠近。然而，天文學家們發現，這兩個星系正在努力地拉近彼此間的距離，在大約 30 多億年後，兩者可能會來個親密接觸，甚至是熱情擁抱。

當銀河系遇到仙女座星系時結果會怎樣？那絕對要比牛郎星遇到織女星還要熱烈 —— 天文學家們使用電腦模型進行推算後認為，銀河系與仙女座星系的碰撞將會分兩個階段進行。在第一階段，也就是大約 20 億年以後，引力的強大作用會改變兩個星系的形狀，使這兩個星系在「身後」生出一條由塵埃、氣體、恆星和行星組成的「尾巴」。進入第二階段，也就是大約 30 多億年後，兩大星系將發生直接連繫，星系的旋臂將會逐漸消失，並最終形成一個新的橢圓形的星

系。在這個過程中，太陽系很可能會被拋向兩大星系的中間，那個地方引力極其強大，處於其間的所有行星都將被引力摧毀，而太陽系將會像其他成千上萬個恆星系統一樣發生分裂。當銀河系和仙女座星系完全融合，達到「你中有我，我中有你」的境界時，太陽和一部分殘留下來的行星將停留在距離這個新的橢圓形星系中心 6.7 萬光年遠的地方，但前提是太陽能在引力的「撕扯」下倖免於難。

　　天文學家們描述的這些場面絕非危言聳聽，類似的情況已經發生過。2004 年，英國劍橋大學的天文學家們就曾捕捉到這樣的場景：一道長達 5 萬光年的恆星流正在向仙女座星系奔湧而去。這道恆星流源自一個編號為「NGC 205」的小星系，它是仙女座星座的衛星星系，在仙女座星系的所有衛星星系中，亮度排行第二。這幅場景使得天文學家們可以確認：「NGC 205」正在被它的「主人」逐漸吞噬。

仙女座星系

事實上，對仙女座星系「貪婪的劣跡」大家早已心中有數，它就是透過不斷地吞噬其他星系而實現擴張的。在它的周邊有不少還沒「消化乾淨」的殘餘物 —— 一些高密度的氣體雲，但這些氣體雲已不足以形成新的恆星。2009 年，《自然》雜誌的網路版公布了仙女座星系的「犯罪實錄」 —— 仙女座星系侵吞三角座星系「財產」的照片。三角座星系也是我們銀河系的鄰居，在本星系群中大小排在第三位。照片上，三角座星系拚命地反抗仙女座星系的「撈過界」行為，但由於「力量」上輸給仙女座星系，三角座星系的許多恆星都被仙女座星系拖拽走了。

　　如此看來，銀河系和仙女座星系最好還是不要搞什麼親密接觸，這種熱烈場面地球上的人類可經受不起。然而，客觀物質世界的某些發展，不會因為我們不喜歡就停止。2012 年以前，天文學家還無法確定這場碰撞是否一定會發生。2012 年，天文學家分析了哈伯望遠鏡觀測的仙女座星系在 2010 ～ 2012 年的運動狀態，確定了兩個星系肯定會發生碰撞。聊以安慰的是，這次碰撞在 37.5 億年之後才會出現。那時候，地球上早就沒有你我了，所以我們也不必為了 30 多億年後的禍事擔心。

　　另外，還有一個好消息和一個壞消息需要告訴大家。好消息是：過去天文學家們認為銀河系比仙女座星系要小，所以悲觀地估計，兩者相遇後銀河系會被仙女座星系「吃」

掉。但在 2009 年 1 月，科學家們在地球繞太陽運轉的不同時間測量了銀河系中最明顯的新生恆星，並繪製出這些恆星的高精度三維圖譜。借助這個圖譜他們確定，銀河系的直徑比之前普遍認知的長 15%，圍繞自己中心旋轉的速度也比過去認知的快 15%。這意味著，銀河系的質量約為之前認知的 1.5 倍，對其他星系的牽引力也比之前認為的更大。兩強相遇，質量大的總會占些便宜。按天文學家們目前的估算，銀河系與仙女座星系的質量相當，理應不會任它予取予求，肯定能扳回一些面子的。

現在我們再來公布壞消息，它與好消息可以說是一體兩面的：銀河系的質量比先前預計的要大 50%，對其他星系的引力也更大，因而銀河系與包括仙女座星系在內的其他星系親密接觸的時間可能比科學家預計的更早。

大宇宙和小宇宙

　　快樂的暑假又來到了。這一年的暑假作業，老師布置了一個自由研究的單元。為了完成作業，大家想出了各種辦法進行各自的研究：靜香種了許多盆牽牛花，研究牽牛花在不同溫度、溼度下的生長情況；小夫放飛了很多氣球，研究風向與天氣的關係；英才繪製了多奈川的圖表，研究水流從源頭到入海口的水質變化……只有野比大雄不知道選什麼題目。

　　眼看暑假已過了近一半，大雄的自由研究還是沒有著落，他不得不再次求助於哆啦A夢。哆啦A夢瞞著大雄，從未來的科學教材部暑假作業角訂購了一套「創世元件」，希望給大雄一個驚喜。乘坐時光機前去未來偷看自己作業答案的大雄在時光隧道裡收到了哆啦A夢送給他的包裹，發現是「創世組件」，大喜過望。

　　「創世元件」就如同一個「養成遊戲」一樣，可以讓操作者自己動手，模擬出宇宙誕生的全過程。哆啦A夢和大雄把「創世元件」組裝起來，在四維空間裡造出了一個模型太陽系。大雄每天觀察他親手造出來的地球，並把這個微型行星的歷史記錄下來寫成研究報告。同時，他們還利用哆啦A夢那神奇口袋裡的道具造訪了微型地球，在這個他們親手創造出來的行星上扮演了上帝的角色。

　　為了讓人類在自己創造的微型地球上儘快誕生，大雄向哆啦Ａ夢借了進化退化放射線槍，使一種名為「青古魚」的魚類加速進化，不想在此過程中一不留神，使某種昆蟲也快速進化了。不久，在大雄製造的地球上，出現了另一種高等智慧生物──飛蟲族，他們給自己起的學名是「蜜蜂能人」。大雄和哆啦Ａ夢一直關注著微型地球上與大雄酷似的人及其後代，並給予他們額外的照顧，卻沒發現飛蟲族已悄悄發展壯大起來，並且在靜靜觀望著微型地球上的人類。

　　微型地球上時光飛逝。一開始飛蟲族還能和人類和平共處，並隱藏著自己的蹤跡。但微型地球上的人類開始大規模開發這顆星球，飛蟲族最終不敵人類的大規模繁衍發展，被趕入地下世界，漸漸失去了棲身之地。忍無可忍的飛蟲族開始籌畫著進攻居住在地上的人類。同時，飛蟲族內一位與大雄十分相像的少年比特羅，為了準備大學考試論文，乘坐時光機去往５億年前的世界調查「神的捉弄」，即５億年前青古魚突然飛速進化的原因。而時光機上的追蹤器將比特羅帶到了真實的地球，降落在大雄等人生活的年代。為了查明真相，比特羅帶走了小夫和胖虎。

　　大雄和哆啦Ａ夢偕同靜香再次拜訪微型地球，觀察到微型地球上的野比美資助的一次南極考察活動。野比美等人發現了南極地區的空洞，並進入空洞內的通道，來到了居住於地底的飛蟲族基地。他們震驚地發現，飛蟲族的科技水準遠

遠超過地上的人類，而且他們正準備征服地上的人們，奪回本屬於他們的土地和資源。不服氣的野比美開始與飛蟲族的總統談判。另一邊，大雄等人考察微型地球的地底環境時，意外見到了被擄走的小夫和胖虎，而比特羅也擺脫了真實地球上時空巡警的追蹤返回了地下基地。眾人說起創造微型地球的過程，終於解開了所謂的「神的捉弄」之謎。

野比美與飛蟲族總統的談判破裂，南極考察隊被飛蟲族扣押。為防止征服地面的計畫洩露，飛蟲族準備開炮擊毀野比美等人乘坐的飛艇。比特羅及時趕來，告訴飛蟲族創造了微型地球的野比大雄覺得自己處事不公，給飛蟲族帶來了很大的麻煩，於是在哆啦A夢的幫助下，又造了一個微型地球。這第3個「地球」正處於寒武紀，地面上還是各種昆蟲的天下。大雄和哆啦A夢把這個「地球」送給飛蟲族，邀請他們進入新的世界，創造自己的文明。

《大雄的創世日記》是「哆啦A夢大長篇」裡極為華麗的一章，講述的是小學生在來自未來世界的貓型機器保姆的幫助下，建造自己的模型地球，並在模型地球上扮演上帝的過程。

模型，我們並不陌生，通常指根據實驗、圖樣放大或縮小而製作的樣品，可用於展覽、實驗或鑄造機器零件等。但模型還有另一個含義，即「對所研究的系統、過程、事物或概念的一種表達形式」，指的是對現實世界的事物、現象、過程或系統的簡化描述，或對其部分屬性的模仿。

　　在天文學上，通常在研究一個系統時，總要建立其模型。例如，從總體上研究銀河系質量分布和結構的簡化模式就是銀河系模型。

　　天文史上，銀河系模型的建立是一等一的大事。因為星系是宇宙的基本構件，建立銀河系的模型是我們研究宇宙過程中極為關鍵的一步。

　　第一個建立起銀河系模型的人是著名的天文學家威廉·赫雪爾。他利用自己製造的望遠鏡，在幾百個不同方向上進行恆星計數。1875 年，他用這些恆星計數發表了有史以來第一幅銀河系結構圖。在赫雪爾的銀河圖裡，銀河系正如之前康德所指出的那樣，是一個扁平的盤，被群星環繞。赫雪爾計算出的銀河系長度為 7,000 光年，寬為 1,400 光年，我們的太陽處在銀河系的中心。不過這個模型中存在一個嚴重的錯誤假設 —— 宇宙空間中不存在星際物質。現今我們都已知道，銀盤含有氣體和塵埃，它們會吸收掉 2,500 光年距離上的恆星發出的光的一半。正是這個錯誤的假設，使得赫雪爾誤以為太陽系在銀河系中心的位置上。不過，雖然這個模型還很不完善，但它卻使人類的視野從太陽系擴展到了銀河系這個廣袤的恆星世界中。

　　照相技術的發明，使天文學家們的口袋中擁有了一樣嶄新的神奇道具。天文學家們將它用於銀河系的研究。荷蘭著名天文學家雅各布斯·卡普坦（Jacobus Kapteyn）借助這個先

進技術，重複了赫雪爾曾經做過的工作，並建造了一個新的銀河系模型。

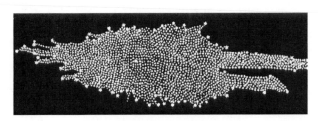
赫雪爾眼中的銀河系

卡普坦，1851 年 1 月 19 日出生於荷蘭的巴訥費爾德，1868 年進入烏特勒支大學學習數學和物理，1875 年獲得物理學博士學位，隨後前往萊頓天文臺工作。1878 年，卡普坦成為荷蘭格羅寧根大學的天文學教授，直到 1921 年退休。

卡普坦花了 40 年的時間從事單調乏味的恆星計數工作，並在 20 世紀初將建立銀河系模型這個課題推到了天文研究的最前沿。1906 年，卡普坦制定了一個雄心勃勃的計畫用以探索銀河系：他在天空的不同部位選出 206 個小區域，呼籲全世界的天文學家去獲取這些區域內的恆星資料。這些區域後來被稱為「卡普坦選區」。如同在一座山的不同地點鑽通許多洞就可以研究這座山的結構一樣，研究所有卡普坦選區，或許能夠了解銀河系的結構。這是一個天才的設想。弗里德里克‧西爾斯（Frederick Seares）在評論卡普坦的時候說道：「卡普坦是唯一沒有使用過望遠鏡的大天文學家。更準確地說，全世界所有的望遠鏡都是他的。」

　　與赫雪爾不同，卡普坦利用恆星的視差和空間運動來估算銀河系的大小。根據恆星計數的結果，卡普坦建立了島宇宙模型，並且認為銀河系是透鏡狀的，直徑為 5.5 萬光年，厚 1.1 萬光年，太陽位於其中心附近，距離銀心 2,000 光年。由於同樣沒有考慮到星際氣體和塵埃的消光影響，卡普坦得到的銀河系大小僅為現在所知的一半左右，但是比英國著名天文學家威廉・赫雪爾給出的結果大了 9 倍。人們把他建立的宇宙模型稱為「卡普坦宇宙」。在他去世後，羅伯特・川普勒才由星際紅化（光通過星際空間而變紅的現象）估計出與目前結構較為接近的銀河系大小。

　　後世的天文學家評論說，卡普坦的宇宙是一個舒適的場所：它有著小而安全的銀河系，太陽位於銀河系中心，大多數恆星圍繞星系中心運轉的速度適中，比地球繞太陽運轉的速度還慢。

　　然而，這個小而舒適的宇宙很快就被另一位年輕的天文學家哈羅・沙普利（Harlow Shapley）「摧毀」了，取代它的是一幅極其宏偉壯麗的景觀。在沙普利的模型裡，太陽被從銀河系的中心搬到了「郊區地帶」，這正像哥白尼曾經做過的事——把地球從太陽系中心挪開。天文學家們把卡普坦的宇宙模型和沙普利的進行了比較，認為卡普坦的模型猶如一座安靜秀麗的村莊，而沙普利的模型則是一個擁抱整個宇宙的大都會。

哈羅‧沙普利，1885 年 11 月 2 日出生於納什維爾，是美國著名的天文學家，美國科學院院士。1921 ～ 1952 年擔任哈佛大學天文臺臺長，1943 ～ 1946 年擔任美國天文學會會長。他主要從事球狀星團和造父變星（一種亮度隨時間呈週期性變化的恆星）的研究。由於他建造了太陽系位於銀河「郊區地帶」的模型，而被譽為 20 世紀科學史上最傑出的人物之一。

　　沙普利是從造父變星作為切入點開始建造銀河系模型的，這有賴於哈佛大學天文臺的女天文學家亨麗埃塔‧勒維特（Henrietta Leavitt）的一項發現。所謂造父變星，是一種黃色的超巨星，它們像人類的心臟一樣脈動著，伴隨著星體的膨脹和收縮，它的亮度也會增強或減弱。1907 年，亨麗埃塔‧勒維特發現了造父變星的週期─光度關係：造父變星的週期越長，星體越大，其本身亮度也就越高。沙普利很快獲知了勒維特的發現，並將其用於測量銀河系的大小。簡單說來，透過將造父變星本身的亮度與其視亮度進行比較就可以確定距離，因為視星等越暗，說明離我們的距離越遠，而如果造父變星屬於一個星團，則造父變星的距離就是這個星團的距離。沙普利自己就是個研究球狀星團的專家，現在他可以透過測定球狀星團的距離來確定銀河系的大小。1918 年，透過測定 69 個球狀星團的距離，沙普利建造了他的銀河系模型。沙普利的銀河系有 33 萬光年的巨大直徑，太陽系位於距離

銀心 6.5 萬光年的地方，銀心位於南半球天空，在人馬座以西，靠近天蠍座和蛇夫座的交界處。

如今我們知道，沙普利的銀河系模型基本正確，只是它比我們目前已知的銀河系大了近兩倍。按現今天文學家們的說法，銀盤的實際直徑是 13 萬光年左右，太陽距離銀心約 2.6 萬光年。沙普利過高地估計了銀河系的大小，是基於兩點錯誤：其一，他在測定頭三個球狀星團時使用的變星比造父變星亮度要小；其二，星際氣體和塵埃部分阻擋了星團發出的光，在這種情況下，星團顯得比實際更暗、更遠，而沙普利忽略了這一點。這兩點錯誤使得沙普利建立的銀河系模型無比巨大，以至於他相信仙女座星系這樣的旋渦星雲是銀河系內的小系統，這導致了他與另一位天文學家希伯・柯蒂斯（Heber Curtis）的爭論，這場爭論史稱「沙普利—柯蒂斯之爭」。

「沙普利—柯蒂斯之爭」也稱為世紀大辯論，於 1920 年 4 月 26 日在華盛頓美國國家科學院史密森學會的自然史博物館舉行。辯論的基本問題是當時所謂的旋渦星雲是在銀河系內的小天體，還是在銀河系外巨大且獨立的星系。

沙普利作為「銀河系就是整個宇宙」議題的代表，認為仙女座星雲和螺旋星雲是小天體，並且只是銀河系的一部分。他引用相對大小的主張：如果仙女座星雲不是銀河系的一部分，則它的距離一定是 10^8 光年的數量級。這是當時大多數天文學家都不能接受的尺度。為他提供資料參數

的是另一位著名的天文學家阿德里安·范馬嫩（Adriaan van Maanen）。范馬嫩聲稱觀測到了風車星系（正面朝向地球的螺旋星系）的自轉。如果風車星系不在銀河系之內，則所觀測到的旋轉速度顯然超過了光速，而光速是天文學家們認可的宇宙限速。

柯蒂斯認為仙女座星雲和其他這一類的星雲都是獨立的星系或島宇宙。他引用了「仙女座星雲中的新星比銀河系還要多」這個事實，推論仙女座星雲是一個獨立的星系，有它自己的年齡和新星爆發。他還引用了「在其他星系中也有類似我們銀河系中的塵埃雲產生的暗線」，和「在其他星系中發現的大量的多普勒位移」等資料。對於范馬嫩的說法，他表示，如果范馬嫩對風車星系自轉的觀測是正確的，那他自己本身對宇宙的尺度和銀河系的認識就是全盤錯誤的。

這場辯論結束之後，又過了 3 年，沙普利的說法被證明是錯誤的。1923 年，美國天文學家愛德溫·哈伯（Edwin Hubble）觀測到仙女座旋渦星雲中有一顆造父變星，這顆造父變星很暗，證明仙女座星雲距離很遠。哈伯使用沙普利的方法，估算出仙女座星雲的距離。他的發現證明，宇宙極其龐大，存在著許多像銀河系這樣的星系。憑藉著這顆造父變星，哈伯建立起了比沙普利的「大銀河系」更為龐大的宇宙。6 年後，他宣布了一項極為偉大的天文發現 —— 宇宙在膨脹。

宇宙到底是什麼模樣

　　未來的大宇航時代，剛從宇航學院畢業的太空人戴琰奉命護送兩名天文學家去某星系執行任務。途中，天文學家們因個性、觀點差異而爭吵不休。由於缺乏經驗，戴琰在突然出現的隕石雨面前手忙腳亂，沒能躲開最後一塊隕石，飛船左側被隕石擊中。戴琰將飛船降落在一顆荒涼的行星上，然後走出去修理飛船。天文學家們趁機帶著儀器走出飛船動手驗證各自有關星體成因的理論。這時候行星發生地震，戴琰和飛船被急速撕裂的大地吞沒。戴琰想方設法進入了飛船，但卻被因受劇烈振動而鬆動的飛船零件砸昏。

　　蘇醒過來的戴琰發現自己身在一個類似地球的自然環境中，他找到陷入泥沼中的飛船，並把飛船從泥沼中弄了出來。戴琰從飛船的電腦中得知天文學家們攜帶的氧氣只夠用 3 個小時，他心急如焚，無暇考察周圍環境，急忙啟動飛船。但是飛船經過零重力區後，又被重力牽引著飛回地面，戴琰十分不解。在降落過程中，飛船壓壞了當地智慧生物「勒密那」的建築物，戴琰因此遭到勒密那們的圍攻。

　　戴琰逃到平原上，意外地遇見多年前失蹤的另一艘飛船的駕駛員旭東和乘客歐雷博士。博士告訴戴琰，他們是在這顆行星的內部，該行星具有一個龐大的內部封閉生態體系。很多年來，博士和旭東一直在研究這個系統。由於飛船毀壞

嚴重，博士他們放棄了尋找通往行星外部的通道。

勒密那們對飛鳥的崇拜給了戴琰很大的啟發，他相信那些飛鳥是透過一條隧道從圓形行星內部世界的那端飛到這邊來的，這條隧道很可能有其他岔路通向太空。為了救出天文學家們，戴琰決意冒險一試。博士幫助戴琰在勒密那的營地找到飛船，戴琰駕駛飛船衝下飛鳥出沒的懸崖。

旭東帶著記錄勒密那的膠片和當地珍貴的礦物偷跑上船，他不相信戴琰能找到出去的道路，便打傷戴琰搶到飛船控制權。飛行中，飛船撞到岩壁上燒毀，戴琰及時帶旭東乘救生船逃脫。戴琰根據地層活動情況和其他蛛絲馬跡選擇了正確道路，成功地回到行星表面。旭東的發財夢隨飛船破滅，只好老實做人。戴琰找到天文學家們，發現他們不僅握手言和，而且還用手頭的器件製造了氧氣發生機，發出了求救信號。戴琰決定，等救援飛船一到就要一艘小艇去救歐雷博士。

《深淵跨過是蒼穹》是著名科幻作家凌晨的代表作。故事描述了沒有汙染與爭鬥的世界的美麗，謳歌了人與人之間真誠團結、互助友愛的情感，鞭撻了某些人自私、貪婪的不良品質，讚揚了不怕困難、勇敢奮鬥的精神，但是其中最令人震撼、折服之處在於作者描寫的那顆荒涼的行星「μ-747」。在小說中，凌晨寫道：「這顆在行星分類學上屬於 μ 類 [10] 的

---

[10] μ 類行星，是指直徑 2,000 ～ 4,000 公里，自轉週期 16 ～ 20 小時，重力係數 0.6 ～ 0.8 克的行星。

星球，表面溝壑縱橫交錯。那些溝壑深淺不一，長短不同，寬窄各異，使『μ-747』像個傷痕累累的蘋果……天文學家們登陸後發現，站在『μ-747』看到的整個 96 立方光年呈梭形，那其餘 10 顆星星的分布顯示出一種美學上的獨特形式，似乎另有深意。」透過這樣的描寫我們可以知道，「μ-747」這顆行星的重力分布非常獨特，以至於行星周圍的空間在重力場的作用下發生了扭曲，使得行星表面屬於「深淵」的部分與屬於「蒼穹」的部分連接起來 —— 從某個角度來說，這和我們的宇宙非常相似，簡直可以把「μ-747」看作我們這個宇宙的縮影。

人類研究宇宙，其歷史已經非常久遠了。對於宇宙，戰國時期著名的政治家、思想家尸佼在他的著作《尸子》中曾這樣解釋道：「上下四方曰宇，往古來今曰宙。」由此，「宇宙」這個詞直接將空間和時間緊密連繫起來。

「宇宙」兩字連用，最早出自《莊子》。同時，《莊子》一書還給出了一種更抽象的宇宙定義：「出無本，入無竅。有實而無乎處，有長而無乎本剽。有所出而無竅者有實，有實而無乎處者，宇也；有長而無本剽者，宙也。」根據現代學者張京華的翻譯，這段話的意思是：「有實體存在但並不固定靜止在某一位置不變，叫作『宇』；有外在屬性但並沒有固定的度量可以衡量，叫作『宙』。」此種宇宙定義與時空無關，與現代宇宙觀有相似之處，但長期未被人們熟知。

當今的科學家們認為，宇宙是由空間、時間、物質和能量所構成的統一體，是一切空間和時間的總合。通常我們理解的宇宙是指我們所存在的一個時空連續系統，包括其間的所有物質、能量和事件。

在宇宙研究史上，「宇宙到底是什麼形狀的」是最著名的問題之一。自托勒密（Ptolemy）以來，很多物理學家都把宇宙想像成一個球體。然而，愛因斯坦的廣義相對論認為，由於有物質的存在，空間和時間會發生彎曲，而引力場實際上是一個彎曲的時空。按照他的理論，我們都在沿著這個宇宙的平滑曲面運動。我們夜晚能夠看見的熟悉的星光，也一樣在沿著這個平滑曲面運動。為了弄清楚我們所處的這個時空到底是個什麼形狀，宇宙學家們不得不求助於拓撲學。

拓撲學是近代發展起來的一個數學分支，用來研究各種空間在連續性的變化下不變的性質，或者說，從形式上說，拓撲學主要研究拓撲空間在連續變換下保持不變的性質。

現在想像你手裡有一大塊平整、柔韌的塑膠膜，可以任意彎曲、拉伸、壓縮，簡言之就是可以做各種變形。倘若在這塊塑膠膜上原本印有圖案，隨著塑膠膜形狀的改變，圖案的長度、面積、曲直也會發生變化。但是，在這個過程中不增加或減少塑膠膜上的點，不穿孔、不切割、不重疊、不撕裂，塑膠膜上的圖形依然會保留一些不變的性質。這樣的幾何學就叫「拓撲學」。

我們的宇宙或許就是這樣一塊可以隨意變形的膜。假設你手中的膜是矩形的，將它捲起，把左邊和右邊黏合起來，使兩邊能夠銜接，它就成為了一個圓筒。再將這個圓筒的上邊和下邊黏起來，它就成為一個像炸麵包圈一樣的圓環。若是把那塊矩形膜扭轉 180°，再將左右兩條邊黏起來，就得到了一個「莫比烏斯帶」（Möbius strip）。將兩條莫比烏斯帶沿著它們唯一的邊黏合起來，就得到了一個叫作「克萊因瓶」（Klein bottle）的奇怪東西（當然不要忘了，我們必須在四維空間中才真正有可能完成這個黏合，否則的話就不得不把膜弄破）──這個幾何體是如此複雜，以至於它甚至無法在三維空間內精確地畫出來。

莫比烏斯帶

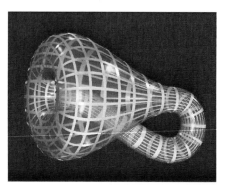

克萊因瓶

　　讓我們再來想像一下，比如說在大爆炸以後，時空就像一張平整、光滑的塑膠膜，其後物質出現了，時空開始發生扭曲，如果它真能按照我們剛剛扭曲那張塑膠膜的步驟，一步一步地「扭」下來，那麼很可能如今我們就生活在一個猶如克萊因瓶的宇宙中。從一張平整的膜到克萊因瓶，所有這些都不是平坦的拓撲，而是彎曲空間的拓撲。在這些彎曲的空間裡，我們很有可能沿著一條路迴圈地走下去，一遍又一遍地經過同一扇門、同一扇窗、同一盞燈火……

　　應該說明的是，以上所說的拓撲，只是時空彎曲的一種，很難相信宇宙能夠這麼聽話，自動扭曲成一個克萊因瓶 —— 科學家們已經提出了許多其他的宇宙模型。

　　有一個很有趣的巧合，最為經典的幾種宇宙模型都和生活中流行的零食十分相似。

　　一部分科學家認為，宇宙可能像一個圓環，或者是環

圈 —— 如果我們剛剛在用那塊塑膠膜做實驗時，沒有將它扭曲成克萊因瓶，它就會保持莫比烏斯帶的形狀。持這種觀點的科學家們認為，宇宙就好像麵包圈一樣是一條單一的紐帶，如同一個巨大的莫比烏斯帶，我們的宇宙有可能飄浮在一個環形的空間裡。他們還說，根據如今盛行的弦理論，我們的宇宙是一個三維空間，存在於一個更高維度空間中的一個「膜」之中，這個「膜」有多達 8 個維度，飄浮在一個 9 維空間中，每個維度都能夠像麵包圈一樣環繞往返。如今高維空間中其他的「膜」可能一起消失了，只有我們的宇宙倖存下來。

　　另一些科學家們認為，宇宙就像我們常吃的洋芋片一樣。在這個「宇宙洋芋片」的中心，空間是同時向上和向下彎曲的 —— 用數學的語言來說，就是空間被反向彎曲。從理論上來說，宇宙中每一個點都應該是這樣的。如果這個假說成立，就能夠解釋為什麼時間總是向前流動，以及為什麼宇宙會如此高速地膨脹。到目前為止，確實有證據表明宇宙是平坦的，而非「洋芋片狀」的，但問題並沒有就此得到解決。

　　某些科學家從宇宙的誕生開始推測：大約 140 億年前的大爆炸產生了宇宙。宇宙誕生於一個無限小的點，在各個方向發生爆炸、膨脹，然後逐漸降溫。然而，這個過程也許並不均衡，因為早期的宇宙磁場能夠使宇宙各處膨脹的程度不

同。按照這個理論推測下來，我們的宇宙將是一個橢球的形狀，宛如一個橄欖或一顆花生。

還有一部分科學家更加偏愛一種被稱為「號角」的食品，因而提議說宇宙應該是「號角」的形狀。在美國，號角是一種很受歡迎的玉米小吃，形狀是錐形的，像喇叭或軍號那樣。號角形狀的宇宙儘管讓人覺得怪異，但它有一個其他形狀的宇宙無法相比的優點，就是它可以解釋一些令人費解的宇宙微波背景輻射的資料。宇宙微波背景輻射被認為是大爆炸的「餘燼」，均勻地分布於整個宇宙空間中。大爆炸之後的宇宙溫度極高，之後30多萬年，隨著宇宙不斷膨脹，溫度逐漸降低，宇宙微波背景輻射正是在此期間產生的。宇宙微波背景輻射有很多「熱點」和「冷點」，但這些「熱點」和「冷點」都沒有穩定在某一水準。對此，號角狀宇宙提供了一個簡單的解釋：大爆炸後的30多萬年內，在喇叭狀的宇宙中沒有足夠的空間去形成大範圍的輻射點。

和號角形宇宙相比，蘋果形狀的宇宙顯得太過平常，也太過正常了。但是，如果連繫到牛頓，這位引導我們認識萬有引力，將地面上物體運動的規律和天體運動的規律統一起來的人，那麼蘋果顯然在熟悉程度和感情上更能占上風。蘋果狀宇宙的建立同樣有賴於弦理論。弦理論，又稱「超弦理論」，是理論物理的一個分支學科。這個理論認為，純粹的能量構成閉合的圈，這些圈就稱為「弦」。自然界的基本單

元不是電子、光子、中微子和夸克之類的點狀粒子，而是很小很小的「弦」。根據弦理論預測，我們的宇宙是一個多維宇宙，除了我們能夠看到的長度、寬度和高度這三維外，其他維度都蜷縮得十分之小，以至於我們很難理解它們。由此一些物理學家嘗試著提出，宇宙應該是蘋果形，這樣才能夠幫助我們解釋為什麼宇宙的基本粒子只有少得可憐的三種。例如，我們發現了三種不同的中微子，但是也有可能只有一種中微子，我們看到的「不同」是因為它走了不同的路線，經過了隱藏的維度，最終顯示出來的不同樣子。因為蘋果有凹有凸，粒子可以採取三種不同的路線運動，這也許能夠解釋看到三種中微子的原因。

2004 年，美國國家航空暨太空總署的威爾金森微波各向異性探測器（Wilkinson Microwave Anisotropy Probe）對宇宙微波背景進行測量，首次發現了一個異常現象：宇宙一側的冷熱點比另一側更加炎熱或寒冷。歐洲太空總署的普朗克探測器隨後證實了這個發現。如今，經過 10 多年的研究，科學家們對此現象的解釋是：宇宙或許是不平衡的，我們所在的宇宙傾向一側。威爾金森微波各向異性探測器的發現，被認為是宇宙向一側傾斜的線索。科學家們借助這個線索，展開了對宇宙的結構和演化的推導。愛丁堡大學的安德魯·里德勒和馬里納·考特斯認為，這個觀測發現可以用一種理論解釋，即我們所在的宇宙就像在一個更大的宇宙內形成的泡

泡，呈彎曲狀 —— 也就是說，宇宙實際上是彎曲的，外形猶如一個馬鞍。在這樣的宇宙內，平行移動的物體在進行遠距離穿行時將最終彼此遠離。

　　宇宙到底是什麼模樣？有科學家這樣總結：如果要用語言來形容宇宙的形狀，那麼應該是整體呈現多重鑲嵌模式，具有無限重複出現的扭曲面，曲面間環環相扣，如同艾雪（Maurits Escher）創作的「圓形極限 IV」（Circle Limit IV）圖案（木版畫，1960 年創作），同時也與美國工程師 P.H. 史密斯（Philip Hagar Smith）創作的「史密斯圓圖」（Smith chart）類似。這些藝術作品都使用了週期性的圖形反覆鑲嵌，使得我們可以在一個有限面積的單位圓中產生無限延展和遞增的感覺。

「圓形極限IV」圖案

傾聽宇宙的聲音

在波多黎各自治邦的一個山谷裡，人們安裝了一個巨大的無線電望遠鏡，使用它那碟形天線日夜監測著太空，以捕捉外星智慧生命發出的無線電波。許多科學家聚集在這裡，沒日沒夜地堅持收集和分析來自外太空的信號。然而這種監聽持續了數十年，卻沒有任何結果。政府認為這個計畫耗資太大，卻難以得到回報，所以想終止實施這個尋找外星人的計畫。

計畫主任羅伯特‧麥克唐納不僅是該計畫的負責人，也是該計畫最初的推行者。他在這個專案上幾乎傾注了全部的心血，以至於無暇顧及家庭生活，如今事業與家庭卻皆遇到瓶頸。為了讓專案得以延續，麥克唐納四處奔走，想方設法尋求支援。

就在這個計畫即將被廢止時，那碩大的碟形天線接收到了來自外太空的智慧生命發出的通訊信號。科學家們殫精竭慮，欲圖破譯外星通訊信號，他們發現這個信號中包含的訊息相當奇特，發人深省。

人類捕捉到外星智慧生命訊息的消息傳了開去，引起了軒然大波。到底要不要與外星智慧生命取得連繫？科學家、政治家、宗教界人士以及平民百姓各有不同反應……最終，科學家們發現，原來這個信號是從一個已經滅亡的文明地發

出的訊息。「卡佩拉人」的太陽發生了積聚膨脹，這個外星種族因而滅亡了。但他們留下的自動裝置對地球的信號做出了回應。回音中給出了卡佩拉文明的完整紀錄，還有一段感人的話：「……我們曾活過，我們曾工作，我們曾建設，然後我們消亡了。接受它，我們的遺產，以及我們美好的祝願／相似／欽佩／兄弟情誼／愛。」

《傾聽者》是美國著名科幻作家、評論家詹姆斯·岡恩（James Gunn）最為傑出的作品。它探討了人類與外星文明交往的科學、哲學和政治意義，塑造了獻身外星文明探索的科學家們的動人形象。這部作品最與眾不同之處在於，它沒有正面描述與外星文明的接觸，而著力刻畫人們得知宇宙中存在另一種智慧時的反應，以及擁有智慧的人類的尊嚴。

《傾聽者》是以 1960 年開始實施的「奧茲瑪計畫」（Project Ozma）為現實基礎來進行創作的，其主角麥克唐納的原型就是「奧茲瑪計畫」的發起人和負責人 —— 法蘭克·德雷克（Frank Drake）教授。

「奧茲瑪計畫」是人類歷史上第一次有組織、有目的地搜索外星生命與文明的活動，它的實施有賴於無線電天文學。

無線電天文學是透過觀測天體的無線電波來研究天文現象的一門學科。它以無線電接收技術為觀測手段，觀測的對象遍及所有天體：從近處的太陽系到銀河系中的各種對象，一直到極其遙遠的銀河系以外的目標。

科學家們認為，物質都是由正、負電子構成，由於正、負電子的運動，所有物體都會向外發出電磁波。1860 年，英國物理學家馬克士威（James Maxwell）預言，整個輻射家族都與電磁輻射有連繫，而一般可見光只是這個家族中的很小一部分而已。25 年後這個預言得到了證實。1887 年，德國物理學家赫茲（Heinrich Hertz）從感應線圈的火花中製造振盪電流，結果產生出波長極長的輻射，這些輻射後來稱作無線電波或射電波。微波的波長在 1,000 ～ 160,000 微米之間，長波射電波長可達幾十億微米。

　　射電波實際是無線電波的一部分。地球大氣層吸收了來自宇宙的大部分電磁波，只有可見光和部分無線電波可以穿透大氣層。天文學把這部分無線電波稱為射電波。

　　無線電天文學的歷史始於 1931 年至 1932 年。美國無線電工程師央斯基（Karl Jansky）在研究長途電信干擾時偶然發現來自銀心方向的宇宙無線電波。到 1933 年，央斯基斷定這些射電波來自銀河，特別是來自靠近銀河系中心的人馬座方向。央斯基的這個發現象徵著無線電天文學的誕生。1940 年，雷伯（Grote Reber）在美國用自製的直徑 9.45 公尺、頻率 162 兆赫的拋物面型無線電望遠鏡證實了央斯基的發現，並測到了太陽以及其他一些天體發出的無線電波。第二次世界大戰中，英國的軍用雷達接收到太陽發出的強烈無線電輻射，表明超高頻雷達設備適合於接收太陽和其他天體的無線

電波。戰後，一些雷達科技人員把雷達技術應用於天文觀測，揭開了無線電天文學發展的序幕。

　　1960 年代的四大天文發現 —— 類星體、脈衝星、星際分子和微波背景輻射，都是利用射電天文手段獲得的。從前，人類只能看到天體的光學形象，而無線電天文學則為人們展示出天體的另一側面，即無線電形象。其中，微波背景輻射的發現是最為人們津津樂道的。1965 年，美國紐澤西州貝爾實驗室的兩位無線電工程師阿諾・彭齊亞斯（Arno Penzias）和羅伯特・威爾遜（Robert Wilson）十分意外地發現了這種宇宙輻射，這個發現為大爆炸理論提供了強有力的支援。2010 年 12 月，英國倫敦大學物理與天文學學院的史蒂夫・菲尼（Stephen Feeney）和他的研究團隊在研究了宇宙微波背景輻射圖後，發布了一個驚人的消息：他們在圖中發現了四個由「宇宙摩擦」形成的圓形圖案，這表明我們的宇宙可能至少四次進入過其他宇宙。

宇宙微波背景輻射圖

無線電望遠鏡是觀測和研究來自天體射電波的基本設備，可以測量天體射電的強度、頻譜及偏振等量。天線把微弱的宇宙無線電信號收集起來，傳送到接收機中；接收系統將信號放大，從噪音中分離出有用的信號，並傳給後端的電腦記錄下來；天文學家分析這些曲線，就能得到天體送來的各種宇宙訊息。

　　應用射電天文技術手段觀測到的天體，往往與天文世界中能量的迸發有關。1950 年代初期，根據理論計算探測到了銀河系空間中性氫 21 公分譜線。後來，利用這條譜線進行探測，大大增加了人們了解銀河系結構，特別是旋臂結構和一些銀河外星系結構的機會。隨著觀測手段的不斷革新，無線電天文學在天文領域的各個層次中都做出了重要的貢獻。在每個層次中發現的天體射電現象，不僅是對光學天文學的補充，而且常常超出原來的想像，開闢出新的研究領域，尋找外星文明就是其中的一項。

　　現實中的外星文明探索始於 1959 年。當時，美國康奈爾大學的兩位物理學家，塞皮·科科巴和菲力普·莫里森，在《自然》雜誌上發表了一篇論文，論及利用無線電天文學技術穿越星際空間，與遙遠星球智慧生命交流的可能性。這是一篇具有歷史意義的文章，揭開了人類搜尋外星文明的序幕。同一年，美國國家射電天文臺的天文學家法蘭克·德雷克也獨立提出了同樣的觀點。

德雷克是一位行動派。1960 年 4 月 8 日凌晨，他率領一個研究小組，開啟了人類歷史上第一個有組織地在宇宙空間尋找外星人的計畫，這就是「奧茲瑪計畫」。這個計畫的名稱來自一本十分出名的童話書——《綠野仙蹤》。在這個童話故事裡，女主人公桃樂絲曾經去過一個奇異的國家，名叫「奧茲國」，據書裡描寫：那是一個很遠很遠的地方，居住著一些奇異的生靈——這與科學家們期望接觸到的外星人十分相似。奧茲瑪計畫的目的性明確，使用一個直徑約為 26 公尺的無線電望遠鏡，監測距離地球較近的兩顆恆星，鯨魚座 τ 星和波江座 ε 星，這兩顆恆星的光譜和性質都與太陽極為相似。德雷克認為，宇宙中最多的元素是氫，因此任何智慧生物都會對氫加以透澈的研究。21 公分波長是氫原子發出的微波的波長，它可能是被宇宙間一切智慧生物最早認識和運用的。

德雷克等人首先將射電天線對準了鯨魚座 τ 星，它距地球約 11.9 光年，結果是一無所獲。之後，他們又把天線對準了波江座 ε 星，它距離地球約 10.7 光年。德雷克等最初從這顆星處收到了一個每秒 8 個脈衝的強無線電信號，10 天之後此信號又出現了。不過這並不是人們期待的外星人電報信號。奧茲瑪計畫在 3 個月中，累計「監聽」了 150 小時，遺憾的是始終沒有發現任何有價值的訊息。

不過，德雷克等人進行的開拓性嘗試給予了科學家們極大的激勵。自從奧茲瑪計畫執行以後，世界上已提出過多項搜索外星智慧生命的計畫。他們的共同認識是：第一，就像

人類的情況一樣，生命很有可能產生在外星「太陽系」，因此探索目標應放在類似太陽的星球上。第二，無線電望遠鏡能「聽到」的最理想的頻率範圍在 1,000～10,000 兆赫之間，這個波段的背景雜訊最低。因此，想同外界建立連繫的外星人，可能會選擇這個被稱作「微波視窗」的波段進行星際對話。第三，如果我們想同其他星球建立連繫，應利用電磁波，比如說無線電波，因為它以光速進行傳播。遺憾的是，以上所有的努力都沒有結果，即沒有接收到任何可確認為來自外星人的信號。

德雷克深知與外星人取得連繫的種種困難，他指出：「對此，我們就像大海撈針一樣要探測整個天空，即使是『阿雷西博』這種高靈敏度的無線電望遠鏡，也得指向 2,000 萬個方向。」

1972 年，規模更大的「奧茲瑪二期計畫」又開始啟動。由美國兩個大學開始，對近 700 顆距離在 80 光年之內的恆星進行聯測，他們使用了最靈敏的接收機開通了 384 個頻道，希望能收聽到這樣的信號：「你們並不孤獨，請來參加銀河俱樂部。」但結果還是什麼都沒有收到。不過，參與奧茲瑪二期計畫的部分科學家篩選出了若干一時無法解釋的「自轉突變」信號，引起了一些人的極大興趣。蘇聯的幾個天文學家甚至聲稱，他們在 1973 年已經破譯了一組來自波江座 ε 星發來的密電碼，只是這些密電碼目前尚未查實。

1985 年，在美國哈佛大學天體物理學家保羅‧霍羅威茨

(Paul Horowitz) 教授領導下，開始了一項新的探索外星人的計畫，名為「太空多通道分析計畫」(Megachannel Extra-Terrestrial Assay)。除了美國，蘇聯、澳大利亞、加拿大、德國、法國、荷蘭等國家先後參加了這個探索計畫。該計畫簡稱「META」，透過 800 多萬個不同頻率，用高度自動化儀器探測外星文明。由於波段增加了上萬倍，相應的工作量也極大地增加，普查一次太空竟需要 200 ～ 400 天。

在所有探索外星生命與文明的計畫中，「鳳凰計畫」(Project Phoenix) 是最全面、最精細的。從事這項計畫的天文學家們先從太陽系周圍 200 光年的範圍內選擇出約 1,000 個鄰近的類日恆星，再針對這些恆星 —— 進行監聽、探測。目前「鳳凰計畫」使用的是設置在波多黎各的直徑 305 公尺的「阿雷西博」無線電望遠鏡 (Arecibo Radio Telescope)，這可能是世界上最大的單個無線電望遠鏡，具有極強的探測能力。

「阿雷西博」無線電望遠鏡

在搜索來自宇宙的非天然訊息的同時，天文學家們也開始向太空發射特定的信號。以特設的語言，用選定的波長，向精選的天區送去人類存在的訊息和友善的問候。美國在1974 年 11 月向宇宙發送了一份用二進位數碼編制的電報，傳達了地球人類的訊息。遺憾的是，這份訊息至今仍未得到任何回覆。

雖然尋找外星文明的努力至今未能取得任何成果，但天文學家們並未氣餒，他們認為，找不到外星文明的原因多種多樣，例如，科學家至今只收聽了幾千個星球，而且大部分都是地球附近的星球，所用的頻率也很有限。

近年來，科學家們針對尋找外星文明又提出了新的構思。一些美國科學家認為，具有高等智慧的外星文明可能會透過向其他恆星發射信號來彼此建立連繫，這非常類似於人類目前使用的網際網路。但不同的是，外星人建立的是一個更為先進的宇宙網際網路。

美國夏威夷大學的科學家約翰·勒恩德和他的同事正在致力於對外星信號的研究，他們重點研究的是那些具有多變發光規律的造父變星（Cepheid variable）。之所以選擇造父變星作為研究對象，主要是因為它們的亮度之強足以保證人類在 6,000 萬光年的距離外仍然能夠看到它們。勒恩德介紹說：「如果真的存在外星信號，我們則可以利用已有的恆星資料來分析它。」

　　研究人員解釋說，透過一束能量撞擊造父變星，可以引起其內核升溫並膨脹，從而導致其發生震動。最有可能的能量撞擊方法就是向造父變星發射一束高能粒子，如「微中子」，那樣可以縮短造父變星的光亮週期。這和利用電流有規律地刺激人體心臟促進心跳是同樣的道理。正常的週期和縮短後的週期可以分別用二進位編碼「0」和「1」代替，這樣，訊息就可以在銀河系的網路之中，或是在這些造父變星之間來回傳輸。勒恩德說：「這種想法的美妙之處在於，我們已經掌握了關於造父變星一個世紀的亮度變化資料。因此，可以把這種想法看作是偵察外星信號的一個新途徑。」

　　這個嶄新的思路或許會給尋找外星文明帶來一線曙光。不過，正如科學家們指出的那樣，探索自然界奧祕從來就是一場世代努力的接力賽，不可能期望在一朝一夕取得成功。未來，我們還有很長的路要走。

世界就是光與影

著名探險家衛斯理從歐洲旅行歸來，查閱在外期間收到的郵件和電報等時，發現有一份來自荷蘭阿姆斯特丹極峰珠寶鑽石公司的電報，內容說一位叫姬娜的女性向該公司出售一顆重量達 7 克拉的紅寶石戒指。公司的職員認為這顆紅寶石極為珍貴，但歷史上卻沒有任何紀錄描述紅寶石的出處。他們從姬娜口中得悉紅寶石是衛斯理在 20 年前於墨西哥送給她的，因此希望衛斯理能給予有關紅寶石的資料。

信中所說的紅寶石，原本是一位神祕女子米倫太太的遺物。據衛斯理所知，她曾把寶石留給姬娜的母親。而米倫太太在多年前就已去世，沒人知道紅寶石的來歷。衛斯理將事情的原委告訴極峰珠寶鑽石公司的員工連倫。由於急於了解為何姬娜會賣掉這枚使人著迷的戒指，衛斯理打電話到姬娜在阿姆斯特丹租住的飯店查詢她的下落，卻被告知她已離開了飯店。翌日，連倫和一位自稱為警官的名叫祖斯基的人告訴衛斯理，賣家姬娜連同她的紅寶石戒指一同失蹤了。衛斯理認為事態嚴重，於是親自來到阿姆斯特丹尋找姬娜的下落。

衛斯理到達阿姆斯特丹，見到了祖斯基。祖斯基向衛斯理坦白他並非警官，而是極峰公司的保全主任，紅寶石也一直在極峰公司的手中。他夥同連倫說謊，是想騙衛斯理到阿

姆斯特丹來，讓他解答一個極其怪異的問題 —— 那顆紅寶石為何在某一天變得毫無光澤，而且成了實心的花崗石。起初，衛斯理認為紅寶石和石塊有可能調了包，但連倫與祖斯基把紅寶石和石塊的照片放大後發現，二者具有相同特徵，因此排除了掉包的可能性。為給賣家姬娜解決麻煩，衛斯理以極峰珠寶鑽石公司買入的價格買下那塊花崗石，以彌補極峰公司的損失。

祖斯基對寶石變為花崗石一事極度好奇，向衛斯理表示願意一同了解事情的真相。二人調查後發現，姬娜曾失蹤達 10 年之久，而且她失蹤時只有 12 歲。接著他們又查對了姬娜的行程，她從南美洲的法屬圭亞那來到巴西的里約熱內盧，再到達巴黎，最後抵達荷蘭的阿姆斯特丹。

不解之謎越來越多，這極大地激發了衛斯理的興趣。他請夫人白素一同參與調查。白素告訴衛斯理，家裡收到了一份寫有大量奇怪符號的文稿，寄件人正是姬娜。那些古怪的符號看起來像是文字，衛斯理和白素都感到很驚異。他們商議後前往巴黎，借助退休警員尚塞叔叔的關係，查知姬娜從里約熱內盧的一個有百年歷史的帳戶中將黃金兌成法郎，把錢匯到法國的銀行以供她在巴黎使用。其後，她又到當地的殯儀館查問保存屍體的方法，並用一大堆的符號做記錄。

為了進一步調查了解，衛斯理和白素到訪里約熱內盧。路途中，他們從空中小姐處打聽到，姬娜在飛機上寫過這些

像符號的文字，但她卻不了解當中的大意。衛斯理和白素跟蹤線索飛往帕修斯，在殘舊超載的飛機上，他們看到一位神父手中拿著一張活像姬娜所寫的文字的書籤。神父告訴衛斯理夫婦，書籤是他在多年前與知名探險家倫蓬尼在帕修斯時，一位從天而降的「上帝使者」給予他們的。其後，衛斯理夫婦又從帕修斯的雜貨店店長頗普口中得悉，姬娜並沒有住在村子裡，她只是不時從雜貨店購買一些化學製劑及醫療用品。

衛斯理夫婦分析後認為，神父所指的「上帝的使者」是外星人，姬娜和「上帝的使者」住在一起，但最近「上帝的使者」逝世了。二人到神父提及的地方去找尋外星人居住的飛碟，但一無所獲，二人只好返回雜貨店等待姬娜。

不久後的一天晚上，姬娜來到雜貨店，卻未認出與她分別多年的衛斯理。姬娜受驚後匆忙駕駛飛碟逃走，衛斯理抓住飛碟的部件，被帶到原始森林。翌日，姬娜駕駛飛碟尋找衛斯理，卻發生了意外，飛碟爆炸，姬娜也因而罹難。臨終前她告訴衛斯理，她一直和一位外星人住在西南方。衛斯理借助飛碟內置無線電與白素聯絡後，去往西南尋找外星人。

多日後，衛斯理成功與白素會合，並發現了其中一座山上有一個改造過的山洞。這特別的山洞正是外星人和姬娜的居所，在洞內兩人見到一臺高科技的電腦和一位動彈不得的外星人，但外星人的外貌卻和地球人相同。

外星人承認他和米倫太太等來自同一星球，並告訴衛斯理和白素他的母星的科技「在一萬多年後早已發生」，此話頗為令人費解。外星人解釋說，他的母星是一顆和地球幾乎一模一樣的行星，他們接受了母星指派的一項任務 —— 探索宇宙的邊界，由於出發時間不同，故到達地球的時間也不同。這位外星人和米倫太太等同樣抵達了宇宙邊緣，並穿過無形的「鏡子」，到了一萬多年前的地球。在地球上發生的事，跟他們母星的歷史以及他們在母星上的經歷幾乎相同，這使得米倫太太等人都以為自己返回了他們的母星。只有這位外星人參透了宇宙的玄機，明白自己來自另一個宇宙中的「地球」。母星發生過的事使他能夠「預知」地球的未來，於是在漫長的時間裡，他教授了人類種種文明生活的方式，並培養了不少歷史上的名人。他讓姬娜將這一萬多年來地球上的事，以及此後地球上所有人的未來用母星的文字記錄下來，這就是白素收到的那份被稱作「天書」的文稿。外星人表示地球上所有人的命運都是注定的，而且不會百分之百的相同，因為出生時間有百分之一秒的差異，命運就會不同。最後，重傷的外星人因無藥可救，死在山洞中，山洞內的一切也就此消失。

《天書》是《奇門》的續篇。在這篇科幻小說中，作者倪匡借虛構的外星人之口，講述了他對宇宙的理解：在我們的宇宙外面，有許多和我們的宇宙相似的宇宙，相互間被類

似鏡子的物質隔開，每一個宇宙所處的時間段都不一樣，發展過程中的細節也不甚一致，但總體走向卻是相同的。他的說法換作科學界目前流行的觀點就是：在我們這個宇宙之外，有很多平行宇宙，每一個宇宙的構成都是相似的。

　　平行宇宙也叫「多重宇宙」，是一種在物理學裡尚未被證實的理論。根據這個理論，在人類的宇宙之外，很可能還存在著其他的宇宙，而這些宇宙是宇宙的可能狀態的一種反映。這些宇宙的基本物理常數可能和人類所認知的宇宙相同，也可能不同。

　　「平行宇宙」這個名詞，是由美國哲學家與心理學家威廉・詹姆士（William James）在 1895 年最先使用的。但「多世界理論」則是美國普林斯頓大學的休・埃弗雷特三世（Hugh Everett III）於 1957 年最早提出的。根據這個理論，可推導出這樣的說法：宇宙是從一個奇點不斷膨脹到達極限後又重新收縮為一個奇點或者撕裂成多個宇宙的過程。宇宙在極限膨脹的過程中也有可能撕裂為多個宇宙，中間間隔有無物質區。

　　目前在科學界炙手可熱的「超弦理論」也支持平行宇宙的說法。由「超弦理論」發展而來的「膜宇宙學」認為：我們的世界存在多重維度，而非傳統認為的三維空間和一維時間。在我們可觸及範圍以外存在平行宇宙，除了我們自身的空間三維膜，還有另外的三維膜或可能飄浮在更高維度的空

間中。該理論還認為，並非所有的膜宇宙都是彼此平行且觸不可及的，有時候它們可能彼此碰撞，引發一次次的宇宙大爆炸而不斷重設宇宙初始值。美國哥倫比亞大學的物理學家布萊恩·格林（Brian Greene）解釋這個概念的時候說：「我們的宇宙是潛在多個飄浮在更高維度空間的平板之一，相當於一塊巨型宇宙麵包中的一塊切片。」

而《天書》中關於每一個宇宙的闡述，則比較近似大衛·玻姆（David Bohm）提出的「全像大統一論」。

「全像大統一論」原名「宇宙全像論」，起源於物理學上的一個震驚世界的發現：1982 年，巴黎大學的一組研究人員在實驗中發現，在特定情況下，一對基本粒子在向相反方向運動時，不管距離多麼遙遠，它們總能知道另一方的運動方式。當其中一個受到干擾時，另一個會馬上做出反應。這就像是這對粒子在運動時還能互通訊息，而且它們之間的通訊連繫幾乎沒有時間間隔。這個發現後來被命名為「量子糾纏」。根據相對論，在我們這個宇宙中，光速是一個衡量標準，也是一個極限，而量子糾纏現象明顯地違反了愛因斯坦的「光速不可超越」理論。科學家們對粒子的這種表現既驚駭又著迷，他們試圖用種種辦法解釋這個奇異的事。

其實，早在量子糾纏現象被發現前，愛因斯坦等人就曾發現過「EPR 現象」，這個現象與量子糾纏可以說是異曲同工。EPR 現象是原子物理學中的一種奇妙現象，指兩個微粒

相互碰撞後若干年還會狹路相逢。EPR 的三個字母分別取自它的發現者愛因斯坦、波多爾斯基、羅森三個人名字的第一個字母。物理學家們認為，這種現象之所以會發生，是因為微粒之間由一種尚不清楚的方式連為整體。玻姆曾將這個現象推而廣之，並就此提出了「關聯定律」。他認為人類也同樣存在著與 EPR 現象相似的連繫，地球乃至整個宇宙都是一個大系統，時間的過去、現在、未來也是一個整體。

「全像大統一論」是在關聯定律的基礎上發展而來的。玻姆的理論指出，粒子的這種表現說明，我們所處的這個客觀世界並不實際存在，宇宙只是個巨大的幻象，是一張巨大而細節豐富的全像攝影相片。

所謂全像攝影，是一種利用雷射技術和光的干涉、衍射原理把被攝物反射的光波中的全部資訊記錄下來的新型照相技術。全像攝影所記錄下來的是被拍攝物體的全部資訊。全像相片是用鐳射做出的三維立體攝影相片，相片的每一個小部分，都包含著整張相片的完整影像。這就是全像的特點 —— 整體包含於部分之中。

《宇宙全息統一論》中，對全像論的基本規律如此闡述：一切事物都具有四維立體全像性；同一個體的部分與整體之間、同一層次的事物之間、不同層次與系統中的事物之間、事物的開端與結果、事物發展的大過程與小過程、時間與空間，都存在著相互全像的關係；每一部分中都包含了其他部

分,同時它又被包含在其他部分之中;物質普遍具有記憶性,事物總是力圖按照自己的記憶中存在的模式來複製事物,全像是有差別的全像。

全像理論為我們觀察並詮釋這個宇宙提供了一個新的視角。仔細思考就會發現,其實有許多事例都可以證明,我們這個世界的每個局部,似乎都包含了整個世界的資訊。例如,將一根磁棒折斷,每個棒段的南北極特性依然不變,每個小段都是原來那根整棒的全像縮影,這等於把整根棒按比例縮小了。

更為經典的例子其實就在我們身上:人身體裡的每個細胞都包含著整個身體的全部資訊,甚至目前的年齡 —— 正因為地球上的生物都具備這樣的特性,科學家們才能利用克隆技術,使一個細胞發育成一個完整的生命體。

如果我們所處的這個宇宙只是一個體細胞,而並非整個身體,如果我們這些渺小的人類所能觀察到的,不過是一個「體細胞宇宙」,而非「整個身體的宇宙」,那麼有很多事就非常容易理解了,比如說量子糾纏 —— 在玻姆看來,這就如同盲人摸象一樣,每個人摸到的都只是象的一個部分。把他們所摸到的各個部分看作那一對向相反方向發射的粒子,當某兩個部分同時動起來的時候,看不到整隻象的人很可能會以為這兩個部分在互通訊息。

針對「摸象」這件事,玻姆的說法是:現實的宇宙可能

還有更深的層次，只是我們沒有覺察到。站在更高、更深的層次上觀察我們的宇宙，或許所有基本粒子都不是獨立的，而是更大整體的一個小小的片段，而一切事物都是相互關聯的。

　　傳統科學總是將某一系統的整體性看作是各部位零件相互作用的結果。但很有可能真正的事實卻是，零件之間的相互關係是由整體所操縱的。與之相類似，我們宇宙中的基本粒子群並不是分散移動於虛空之間，而是所有的粒子都屬於一個更大的「超級宇宙」，每個粒子都按照超級宇宙所具有的內部法則不斷運動，並彼此作用著。玻姆將那個更深層、更複雜的超級宇宙稱為「隱捲序」，意思是「隱藏或折疊起來的秩序」，而把我們生存在其中的這個宇宙稱為「顯展序」，意思是「展現開來的秩序」。他認為宇宙中所有事物所呈現的表象，其實就是兩個秩序不斷隱藏和展現的結果。這也解釋了為什麼基本粒子具有「波粒二象性」，即有時候表現為波，有時候表現為粒子。根據玻姆的理論，這兩種形態都隱藏於粒子的整體中，我們採用的觀察方式，決定了哪一種形態被展現，哪一種形態被隱藏。

　　全像包括時間和空間兩個方面。以空間來說，局部是整體的縮影；從時間方面來說，瞬間是永恆的縮影。我們一直認為，一切事物都是不斷地向前發展的。但全像理論告訴我們：這其實是一種幻覺，在更深層次的宇宙裡，過去、現在

和未來其實是共存的，只是在我們眼前展現出來某些部分而已。

「全像大統一論」是站在物理學的基礎上在解釋我們這個宇宙，它可以被視作天文學和物理學的完美結合。根據玻姆的說法，在我們的現實宇宙之上，還存在一個更為複雜的超級宇宙，而我們生活的這個世界，不過是這個超級宇宙的一個全像投影。宇宙萬物皆為連續體，外表看起來每一件東西都是分離的，然而每一件東西都是另一件東西的延伸。

尋找奇蹟誕生處

西元 2098 年，梯姆、馬喬、安里拉和埃格乘坐「鈴鐺號」太空船去尋找新的行星。自從 20 年前發現了新的相對論以後，超光速飛行成為事實，企業家們紛紛把投資範圍擴展到鄰近星球，尋找太陽系的一切行星全都成為他們追求利潤的對象，探尋任何一顆銀河系的新行星都能給他們帶來巨額利潤。

梯姆等人經歷了 200 萬光年的路途，在遭遇過流星、磁暴和強輻射等艱險後，來到貝塔星旁邊。幾十億年來，這顆紅色的巨型恆星向空間釋放出驚人的能量，但梯姆等人卻一時未能在它旁邊發現行星。這讓 4 個人都失望至極。

就在 4 個人決定踏上歸途時，埃格透過電子望遠鏡發現了一個銀白色的小圓盤。經過確定，大家認為它就是一顆行星，而且本身具有空氣。這個極有價值的發現讓大家都興奮起來，如同獵人見到獵物一般，準備到行星上去探測一下空氣、水、重力、質量、礦石成分等情況。他們徑直飛向新發現的行星，不料才出發一會兒，艙內雷達預警紅燈就閃爍不已，這是前面出現障礙物的信號。眾人這才發現，所謂的障礙物就是這顆新發現的行星。目前它距離飛船僅有 200 公尺之遙，而它的直徑才只有 10 公尺！

眾人再度仔細觀察這顆行星，發現這顆行星上擁有城市，依照城市的比例算，上面的居民身高不超過 0.002 公

聲。梯姆對此甚為惱火，認為公司不會為這樣小的行星付錢，但他轉瞬間想到，可以把這顆迷你行星賣給倫敦天體物理博物館作為展品。

梯姆等人穿上了太空衣來到飛船外，近距離觀察行星。目睹了這顆行星上升起的朝陽，安里拉勸說夥伴們放棄攫取它。他說：「這顆行星是屬於他們的人民的！他們也是人類，可能和我們一樣具有靈魂！」但其他三個人不聽他的勸阻，使用磁性吊車和電纜將這顆微型行星捕捉到飛船內。

「鈴鐺號」返回了地球。儘管梯姆一再強調，他們帶回來的是一顆擁有微小生命的活行星，但宇航站的海關官員依然恪守法律規定，為消滅一切可能的外來微生物和病毒，使用熱風機給整艘飛船消了毒。梯姆等人屏息站在飛船旁，傾聽熱風機的呼呼響聲，彷彿聽到了叫喊聲和號啕聲，微型行星上的城市在焚燒，海洋在沸騰……

若干年後，一位巴拿馬宇宙商業公司的經理在倉庫中偶然發現一塊石頭。他進行了調查，但無法弄清它的來龍去脈，於是讓司機下班後把它拖到城外用炸藥炸開，用炸得的碎片在自己花園裡建造了一座假山。他告訴妻子，這塊石頭是從 200 萬光年外的貝塔星帶回來的，卻只花了他 10 塊錢。

《出售行星》是丹麥著名科幻作家尼利斯·尼爾森的作品，被編入他的選集《胡說八道》。這篇短篇科幻小說講述

了宇宙間的微型智慧生命被發現的過程，並給出了一個悲劇性的結局。

尼爾森這個短篇小說的理論基礎在於一個非常驚人的科學觀點——生命起源於宇宙深處。

生命被視為宇宙的奇蹟。一些科學家很早就認為，宇宙間充滿了智慧生物。「奧茲瑪計畫」的領導者法蘭克·德雷克曾給出過一個「綠岸公式」，他是這樣表達的：

$$N = R \times ne \times fp \times fl \times fi \times fe \times L$$

公式中，「N」代表銀河系中可檢測到的擁有技術文明的星球數，它取決於等式右邊7個數的乘積。「R」表示銀河系中類似太陽的恆星的形成率。一般認為，只有像太陽這樣的恆星附近才有可能孕育出智慧生命。「ne」是在可能攜帶（具有生命的）行星的恆星中，其生態環境適合生命存在的行星的平均顆數。「fp」表示有可能有生物存在的恆星（有人稱其為「好太陽」）顆數，換句話說，「好太陽」一般是指那些光度恆穩、能長時間照耀從而滿足形成智慧生命演化所需的恆星。「fl」是已經出現生命的行星在可能存在生命的行星中所占的份額。「fi」表示已經有智慧生命的行星的顆數，因為低級生命演化到智慧生命的機率畢竟很小。「fe」是在這些已有智慧生命的行星中，已經達到先進文明的高級智慧生命的行星（如能進行星際電磁波聯絡）的份額。「L」表示具有高級

技術文明的星球的平均壽命（或者說延續時間），因為只有持續發展很長時間的文明星球才有可能做星際互訪。

綠岸公式是對探索外星智慧生命做定量分析的第一次嘗試。自這個公式發表以後，不少天文學家以此為指導，積極地尋找外星智慧生命。不過，科學家們做事總是非常謹慎，他們步步為營，他們把尋找奇蹟誕生之處的起點定為「尋找星際有機分子」。

1930 年代的時候，天文研究人員就從宇宙光譜中發現，宇宙中存在甲基和氰基等分子。這些分子的電磁輻射不在光學波段，而在公分、公釐等波段，所以它們可以不受星際物質吸收與阻擋的影響，自由穿行於宇宙之中。

1957 年，美國天文學家湯斯（Charles Townes）開列出了17 種可能被觀測到的星際分子譜線的清單，此人由於在天文學上的貢獻，獲得了 1964 年的諾貝爾物理學獎。此後，人們又連續觀測到羥基分子光譜，氨分子、水分子的光譜和星際甲醛的有機分子光譜……到 1994 年為止，人類一共從宇宙中找到 108 種星際有機分子，此外還找到了 50 種由碳、氫、氧等元素組成的同位素，還有一些地球上沒有自然樣本的有機分子。

星際有機分子的發現，為研究星際生命的起源提供了重要線索。這些天文發現還說明，宇宙中到處都充斥著有機分子，它們是構成生命、維持生命的最基本元素。天文學研究

表明，這些星際有機分子不能存在於高溫的星球中，它們只能存在於溫度較低的行星、暗物質或者宇宙塵埃當中，甚至當恆星爆炸死亡之後，也可生成大量的有機分子。所以在星系與星際之間、恆星與恆星之間，它們的數量非常龐大。這些有機分子隨塵埃或氣體漂泊，極不穩定，漫遊在宇宙當中。

宇宙有機分子的發現，再一次證明地球生命絕不是宇宙中獨一無二的現象，人類也不應該是宇宙的「獨生子」。這一點從近些年來的研究結果中得到了證實。

從最近的研究結果分析，一些科學家認為生命起源於宇宙深處。宇宙間的物質，在沒有空氣、寒冷的溫度和充滿輻射的環境下，可以產生細小的細胞膜，這些薄膜便是生命起源的「種子」。

那麼，這些生命的種子是如何來到地球上生根發芽的呢？一種時髦的理論認為，是來自太空的攜帶有水和其他有機分子的彗星和小行星撞擊地球後，才使地球產生了生命。

前幾年興起的火星探測熱潮，激起了大家對探索生命起源的興趣。科學家在火星上也發現了類似於地球的隕石坑。不少科學家推測，生命可能起源於這些隕石坑，而彗星為生命萌芽提供了必不可少的水。為這個說法提供證據的是一顆名為「利內亞爾」的冰塊彗星。生命起源的重要物質是水，而許多彗星都含有固態的水，也就是冰。據科學家們推測，

「利內亞爾」彗星含有33億公升水，如果把這些水澆在地球上，能夠形成一個很大的湖泊。「利內亞爾」彗星誕生於距離木星軌道不遠的地方。科學家們經過實驗證明，數十億年前，在離木星不遠處形成的彗星含有的水和地球上海洋裡的水是相當的。天文學家們認為，在太陽系剛剛形成時，可能有不少類似於「利內亞爾」的彗星墜落到地球上，它們為地球帶來了豐富的水，這些水中包含有機分子。美國NASA專家約翰‧瑪瑪說：「它們落到地球上時像是雪球，而不像小行星撞擊地球。因此，這種撞擊是軟撞擊，受到破壞的只是大氣層的上層，而且撞擊時釋放出來的有機分子沒有受到損害，這樣就為地球上的生命演化提供了條件。」

天文學家們的推斷在「維爾特2號」彗星（81P/Wild）身上得到了部分證實。2004年1月2日，「星塵號」彗星探測器穿越了「維爾特2號」彗星周圍5公里厚的塵埃和冰粒雲，飛船上的塵埃採集器捕獲到了從該彗星表面散逸出來的彗星物質微粒。1月15日，裝有彗星塵埃樣本的返回艙與「星塵號」母船分離，成功降落在美國猶他州的沙漠裡。「星塵號」探測器所收集到的彗星物質微粒樣品被分配到多家著名的實驗室進行研究。美國太空總署科學家們在其中發現了大量複雜的碳化物分子。這些化合物在條件成熟時，能與其他有機化合物發生可以孕育出原始生命的化學反應。

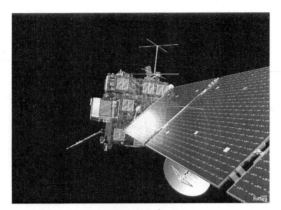

「星塵號」彗星探測器

　　隕石也為生命起源於太空提供了證據。一般的化學反應會產生等量的左手型和右手型分子。但地球生命體中的分子卻出人意料地例外，其中的糖分子以右手型為主，而蛋白質的基本單元 —— 氨基酸則以左手型為主。科學家在一塊有著 45 億年歷史的隕石中，曾經發現有異纈氨酸存在。這塊隕石中所含的異纈氨酸，左手型的比右手型的要多。這個結果和地球生命的結構正好相吻合。科學家利用異纈氨酸與兩種原始地球上可能廣泛存在的有機物發生反應後，產生了一種被稱為「蘇糖」的糖類，其中右手型的蘇糖比左手型的蘇糖要多。科學家認為，生命體糖類的「右傾」特性，有可能就是這樣開始的。

　　還有一個令人興奮的發現 —— 維持生命所需的糖分也可以在太空合成。2001 年，美國國家航空暨太空總署艾姆斯研

究中心的研究人員首先在隕石中發現了人類生命不可缺少的糖類化合物，並確定它來自太空。2002 年，科學家透過無線電望遠鏡，首次在銀河系中心地帶的氣塵雲團中發現了脫氫乙二醇這種可參與構成生物體的糖分子。發現有糖分子存在的巨型氣團與地球相距約 26,000 光年。糖分能夠維持生命，當糖類物質和氨基酸等有機物隨著天體大量來到地球，並富集起來之後，就為生命的出現提供了化學基礎。這一切都從另一個側面說明了「地球生命的構成物質可能源自太空」的觀點。

在宣導「生命起源於太空」的科學家當中，英國加地夫大學的天文學家錢德拉·維克拉馬辛赫（Chandra Wickra-masinghe）教授可說是一個代表性人物。他所創立的「胚種論」認為：地球上的生命來自太空，尤其是彗星，它們是以細菌或孢子的形式來到地球上的。

胚種論所闡述的地球生命產生過程是這樣的：

1. 生命開始於包括所有彗星資源在內的宇宙中。
2. 生命一旦開始，其耐久性就能確保它們的永生。它們在溫暖有水的彗星內部存活，並不斷繁殖。在星球之間的空間裡零散地存在著彗星的碎片，其中一些就含有生命的種子。
3. 在 38 億年前，太陽系的「歐特」彗星雲帶來了地球上的第一批生命。

4. 不斷到達的彗星細菌推動地球生命的演化，現在這些細菌還在不斷地到達。

　　為了驗證「生命起源於太空」這個說法，美國太空總署和加州大學的科學家複製了一個像太空的環境，一個沒有空氣、非常寒冷和充滿輻射的環境。然後將太空中的冰粒子放在這個環境中，這些冰粒子是由水和一些氨、一氧化碳、二氧化碳及甲醇組成。科學家們發現，這些簡單的粒子慢慢地轉變成為複雜的化合物，並形成像泡沫一樣的小液滴。小液滴的薄膜是半透過性的，水和氧氣可以容易地透過這些薄膜，和有生命的細胞很相似。科學家們從降落到地球的隕石中也發現了類似的小液滴。因此，科學家們認為地球上生命的起源是由隕石帶來的小液滴產生的，這些小液滴可以利用太陽紫外線的能量，變成更複雜的水泡狀的低級生命體。

　　越來越多的發現為我們指示出了一個確定不移的方向：宇宙中確實存在生命，即使是我們最熟悉的生命形式，也有可能在宇宙的某個角落中產生。現在的問題已經不是證明這些生命的存在，而是要想辦法尋找他們。

日暮鄉關何處是

　　黃鶴樓位於湖北武昌，面臨長江，登樓遠望，風景絕美，因此有「天下江山第一樓」的美譽。歷代文人在黃鶴樓留下了大量的詩詞、楹聯，其中以崔顥的一首七律最為有名，全詩是這樣的：

> 昔人已乘白雲去，此地空餘黃鶴樓。
> 黃鶴一去不復返，白雲千載空悠悠。
> 晴川歷歷漢陽樹，芳草萋萋鸚鵡洲。
> 日暮鄉關何處是？煙波江上使人愁。

　　這首詩從黃鶴樓的傳說寫起，繼之以詩人所見的景物，慨嘆世間一切如白駒過隙，轉瞬即逝，很自然地引出疑問──「日暮鄉關何處是？」將全詩的主題思想提升到極其高遠的境界。相傳李白來到黃鶴樓，看到崔顥的這首詩後，放棄了在黃鶴樓題詩的打算，只寫道：「眼前有景題不得，崔顥題詩在上頭。」因為詩中的這一句「日暮鄉關何處是」已問到了極致，詩人所掛念的不僅是現實中的家鄉，也是心靈的永恆歸宿。

　　「人類向何處去」是哲學領域一個著名的問題。其實，這個令人頭痛的問題，在幾千年前我們的祖先在分野的時候，早已有了答案：人類是星辰的子孫，最終將回歸茫茫太空。

　　現代的天文學發現和研究成果表明，一顆大質量的恆星消耗完核心部分的氫以後，其核心將變熱、坍縮，並冶煉出較重的元素，臨終的時刻再將這些重元素拋向宇宙空間。地球上生物體中的鈣與鐵，我們呼吸的氧和維持能量的氮等重元素，無一不是來自死亡恆星的「遺骸」。從這個角度來說，我們的生命的確是起源於太空的。而現在，科學家們正在努力做著讓人類重返太空的工作，不過，他們並不是為了證明「人類向何處去」在哲學意義上的正確性，而是為了更為切實的目標──也可以說，他們這麼做有非常重要的原因。這些原因，科幻作家們早就已經寫過太多太多次了。其中，最具代表性的當屬電影《2012》。

　　傳說在馬雅文明的預言中，2012 年 12 月 21 日是世界毀滅之日。預言說道：「2012 年 12 月 21 日黑暗降臨後，12 月 22 日的黎明永遠不會到來。」但無論是各國的科學家和政要，還是各民族的宗教人士，都無法預知這一天到底會發生什麼。

　　傑克遜・柯帝士是個失敗的作家，靠寫科幻小說謀生，對傳說中消失的大陸「亞特蘭蒂斯」很有研究。由於經濟原因，他和前妻凱特離婚時兩個孩子的撫養權都判給了凱特。

　　一天，柯帝士帶孩子們去黃石公園度週末，卻發現這裡的湖泊已經乾涸，這個地區也成為禁區。柯帝士深感困惑。這時他在黃石公園附近的營地偶然認識了查理。查理告訴

他，由於自然環境長期被人類掠奪性破壞，地球自身的平衡系統已開始崩潰，人類即將面臨空前的自然災害。各國政府已經聯手開始祕密製造方舟，希望能夠躲過這一場浩劫。

柯帝士把查理的話當作無稽之談。然而，第二天災難就降臨了。火山爆發、強烈地震以及海嘯接踵而來，各種各樣的自然災害在地球其他地方也以前所未有的規模爆發。柯帝士和前妻一家駕駛一架臨時租來的飛機衝出被死神瞬間籠罩的城市上空，前去尋找查理曾經提到過的方舟。

經歷了種種磨難和生死考驗，柯帝士一家終於到達了方舟基地。但已製造完的方舟無法搭載從世界各地聞訊湧來的受災人群。到底誰才有資格登上方舟？關鍵時刻，來自不同國家的人們做出了重要抉擇──「所有人都是平等的，都有平等的生存機會！」人類依靠互愛與良知渡過了難關，劫後餘生的人們滿懷希望地期盼著明天。

《2012》是羅蘭‧艾默瑞奇（Roland Emmerich）繼《明天過後》（The Day After Tomorrow）之後執導的又一部災難片，也是他製作的電影裡成本最高的一部。有評論稱之為「史上最全災難大集合」，火山、地裂、海嘯、洪水、隕石雨等災難形式交相呈現，確實能夠給人以末日來臨的震撼。《2012》提出了一個極其尖銳的問題：一旦地球遇到災難，全人類面臨滅絕的危險時，我們怎麼辦？

這就是科學家們正在著力解決的問題。大多數科學家持

這樣的觀點：萬一地球遭遇滅頂之災，人類必須登上巨大的太空船逃離家園，到另外一顆行星上去居住。在這些科學家們看來，適合移居的行星，最好是環境和地球極為相似的，他們把這樣的行星稱作「類地行星」。

類地行星也叫「地球型行星」或「岩石行星」，是指以矽酸鹽岩石為主要成分的行星。在太陽系中，水星、金星和火星都屬於類地行星。它們距離太陽近，體積和質量都較小，平均密度較大，表面溫度較高，大小與地球差不多，也都是由岩石構成的。

類地行星的構造都很相似：中央是一個以鐵為主，且大部分為金屬的核心，圍繞在周圍的是以矽酸鹽為主的地幔。月球的構造與類地行星相似，但核心缺乏鐵質。類地行星有峽谷、撞擊坑、山脈和火山，它的大氣層都是再生大氣層，有別於類木行星直接來自太陽星雲的原生大氣層。

尋找太陽系外行星最大的困難就是行星本身不發光，反射的信號又極其微弱。恆星的光芒要比它周圍的行星亮100萬～100億倍，必須遮罩掉恆星的光亮才能突出行星的特徵。為此，天文學家們決定先從恆星下手，他們認為，擁有類地行星的恆星，應該和太陽比較像。他們為有可能擁有類地行星的恆星列出了一個標準，並以這個標準在銀河系中尋找智慧生命的蹤跡。

恆星「考核」的第一項內容是「這顆星應該像太陽那樣

位於主星序」。

　　大約 100 年前，丹麥的埃納·赫茨普龍和美國的亨利·羅素各自繪製了關於恆星溫度和亮度之間關係的圖表，這張關係圖被稱為「赫羅圖」。在赫羅圖中，最搶眼的是從左上方至右下方的一條狹長帶，大多數恆星都分布在這條帶內。從高溫到低溫，恆星形成一個明顯的序列，這就是「主星序」。凡是處於主星序帶內的恆星，都是主序星。我們的太陽就是一顆主序星。

　　處於主序星階段足夠長的恆星，才能夠為生命的形成和進化提供長期穩定的光和熱。而那些向紅巨星和白矮星轉變的恆星，也就是非主序星，由於其變化劇烈，會給周圍的行星帶來災難。正是考慮到這個因素，天文學家們才把這一條列為恆星考核的首要條件。

　　衡量恆星是否合格的第二個標準是：要支持智慧生物，主序星必須有適合的光譜型。在赫羅圖的橫座標上有 O、B、A、F、G、K、M 七個字母，這就是恆星的光譜型，我們的太陽屬於 G 型星。天文學家們把光譜進一步細化，如包括太陽的光譜型 G 被分為 10 個次型，由熱到冷依次為 G0 ～ G9，太陽的光譜型是 G2。所有 G 型星都是黃色的，溫度與太陽差不多，但 G1 型稍熱些，G3 型稍冷些。

　　要孕育出智慧生命，恆星必須有足夠長的壽命。而光譜型能夠反映出一顆恆星在主星序階段停留多長時間，以及在

主序星階段生產了多少光。藍色的 O 型和 B 型星以及白色的 A 型星生命都太短，不足以支援周圍的行星產生智慧生命。紅色的 M 型星和大部分橙色的 K 型星生命倒是足夠長，但是它們太暗，發出的光太少，所以也被天文學家們判為「不及格」。這樣篩選下來，就只剩下較冷的 F 型星、全部 G 型星和較熱的 K 型星了。

恆星的第三項考核內容是穩定性。如果恆星爆發，就會給它周圍的行星帶來巨大災難，甚至可能使行星上的所有生物走上滅絕的道路。大多數 F 型、G 型和 K 型的恆星都是穩定的，能為它們的行星提供恆定的能源。紅矮星則經常產生巨大耀斑。

第四項考核內容是恆星的年齡。一顆主序星就算有適合的光譜型，而且很穩定，但是如果它存在的時間不夠長，也無法培育出智慧生命。以我們的太陽系為例，處於「宜居地帶」的地球，歷經了 46 億年，才孕育出我們這樣的智慧生命。這是很長的時間，比銀河系年齡的 1/3 還要長。雖然生活在地球上的我們可能不具備典型代表性，或者在其他類地行星上，智慧生命的產生比地球上要快得多。但是，在不了解全部情況時，我們不妨把地球上生命進化的時間作為一個衡量尺度 —— 我們現今能使用的，也只有這麼一個衡量尺度。

恆星的最後一項考核內容是金屬性。如果恆星是貧金屬

星，那它的周圍可能沒有形成地球這樣的岩質行星，因為地球這樣的行星主要是由鐵、矽、氧等重元素構成的。此外，生命本身也需要重元素。在所有的考核內容中，這一項可以算是最嚴格的了。

經過一番嚴格的篩選，在我們鄰近的恆星中，符合標準的只有兩到三顆。

然而，僅僅有一顆好的恆星還不夠，生命還需要一顆好的行星。太陽系有八大行星，可只有地球上產生了我們這樣的智慧生命，因為地球到太陽的距離適合形成液態水，科學家們認為這是生命存在的基本要求。相比之下，火星太冷而金星太熱，目前都不適於生命生存。

此外，行星的大小也很重要。地球有足夠的質量和引力，可以牢牢維繫住厚厚的大氣。地球溫暖的原因之一是它的大氣層中有能夠捕捉和保存太陽熱量的二氧化碳。還有，地球的大氣層薄厚程度正合適，如果大氣層太薄，就不足以遮擋住對生物具有極強殺傷力的紫外線，而如果大氣層太厚，又會遮住陽光，那麼植物的生長將受到很大的影響。

行星的公轉軌道也是一個需要考慮的因素。如果它圍繞恆星運轉的軌道太扁，夏季會遭遇酷熱，冬天會持續嚴寒，這樣嚴酷的環境也是不適合生命存在的。

……

一顆與地球相似的行星必須具備如此多的條件，這使得

在茫茫「星海」中把它們找出來非常困難。儘管如此，天文學家們還是有了不少發現。1992 年，天文學家亞歷山大・沃爾茲森（Aleksander Wolszczan）和戴爾・弗雷（Dale Frail）在脈衝星「PSR B1257+12」附近發現了兩顆行星，這是人們首次發現太陽系外行星。不久，這個星系的第三顆行星也被找了出來，3 顆行星的質量分別是地球的 0.02、4.3 和 3.9 倍。

2005 年 6 月，在距離 15 光年遠的紅矮星「吉利斯 876」旁發現了第一顆幾乎可以確定是類地行星的系外行星。這顆行星的質量是地球的 5 ～ 7 倍，公轉週期只有兩個地球日。

2007 年 4 月，由 11 位歐洲科學家組成的一個小組宣布發現了一顆處在適居帶的外星行星，有著與地球相似的溫度。這就是公布後引起轟動的「葛利斯 581c」（Gliese 581 c）。當時人們盛傳，它是第一顆類似地球的行星，可能有液態水。不過後來有消息糾正說，「葛利斯 581c」環繞著紅矮星「葛利斯 581」運行，質量是地球的 6 倍，其表面溫度約為 150℃。如今科學家們把它歸為「超級地球」一類。

超級地球正式的名稱叫作「超級類地行星」，它們都是巨大的類地行星。科學家推測這些行星擁有與地球相似的板塊構造。目前天文學家們發現的類地行星，大多數都屬於超級地球。

另一顆引發爭議的是行星「克卜勒 -22b」（Kepler-22b），它是透過克卜勒望遠鏡發現的。「克卜勒 -22b」圍繞著一顆

類似於太陽的恆星旋轉，這顆恆星發出的光比太陽光弱大約
25%，因此那裡的宜居帶要比太陽系裡的宜居帶更靠近恆星
一些。不過，「克卜勒 -22b」到母星的距離比地球到太陽的平
均距離近了大約 15%，因此恰好坐落在宜居帶之上。科學家
們猜測，如果新行星的性質與地球相似，液態水就可以在那
顆行星的地表上長期存在。然而，這顆行星並不像國內一些
媒體所傳的那樣，是「首顆適合居住的類地行星」。美國國
家航空暨太空總署（NASA）的官方網站在發布關於這顆行星
的消息時，使用的標題是「NASA 克卜勒計畫證實它的首顆
位於類太陽恆星宜居帶中的行星」。2011 年 2 月，NASA 克
卜勒計畫公布的「可能適於人類居住的行星」候選者中，可
能位於宜居帶的行星共有 54 顆，「克卜勒 -22b」是第一顆得
到證實的行星。

科學家心中的「克卜勒 -22b」

277

　　科學家們指出，即使找到適合移民的行星，依然有許多問題需要解決，這些問題中最難的一點在於運輸。按照太空梭目前的速度，前往距地球 4 光年左右的星球需要大約 15 萬年時間。人類要想移民外星球，必須造出和光速一樣快的交通工具。

　　移民外星球後，人類將面對第三道難關，即如何解決生命保障問題。目前，美、俄等國已在國際空間站裡培育了 100 多種農作物，而且果蠅、蜘蛛、魚類等動物在失重狀態下也可以生長、繁殖。如果這種技術能應用到宜居行星上，人類的生存問題就容易解決了。此外，移民外星球後人類能否繁衍也是一個問題。

　　雖然回歸太空家園困難重重，但為數眾多的人對這個前景抱有很強的信心 —— 到目前為止，科學已創造了一個又一個的奇蹟，書寫了一個又一個的傳奇。我們既然已經有了明確的目標，也知道了實現這個既定目標需要解決多少難題，那麼就沒有什麼困難能夠阻擋我們前進的腳步。

　　起源自星空的我們，終有一日會回到我們的發源地，即宇宙中，從產生伊始天文學就曾這般告訴我們。這門古老的科學是人類文明的起點和支柱，如今更引領著我們，將我們的文明向廣袤的宇宙拓展延伸。

電子書購買

爽讀 APP

國家圖書館出版品預行編目資料

古星空下的神話，現代科學的傳說：金星多重身分 × 繽紛火星文化 × 銀河系真面貌，融合詩意與科學，從古至今對神祕宇宙的探索 / 于向昀 著. -- 第一版 . -- 臺北市：崧燁文化事業有限公司, 2023.11
面；　公分
POD 版
ISBN 978-626-357-793-0(平裝)
1.CST: 天文學 2.CST: 通俗性讀物
320　　　112017310

古星空下的神話，現代科學的傳說：金星多重身分 × 繽紛火星文化 × 銀河系真面貌，融合詩意與科學，從古至今對神祕宇宙的探索

臉書

作　　　者：于向昀
發 行 人：黃振庭
出 版 者：崧燁文化事業有限公司
發 行 者：崧燁文化事業有限公司
E - m a i l：sonbookservice@gmail.com
粉 絲 頁：https://www.facebook.com/sonbookss/
網　　　址：https://sonbook.net/
地　　　址：台北市中正區重慶南路一段六十一號八樓 815 室
Rm. 815, 8F., No.61, Sec. 1, Chongqing S. Rd., Zhongzheng Dist., Taipei City 100, Taiwan
電　　　話：(02) 2370-3310　　　傳　　　真：(02) 2388-1990
印　　　刷：京峯數位服務有限公司
律師顧問：廣華律師事務所 張珮琦律師

定　　　價：375 元
發行日期：2023 年 11 月第一版
◎本書以 POD 印製
Design Assets from Freepik.com